NORBERT LIEDMEIER

DIE FEIGE

KULTURGESCHICHTE, ANBAU & PFLEGE EINER BESONDEREN FRUCHT

READ GLOBAL BUY LOCAL

FSC www.fsc.org MIX Papier aus verantwortungsvollen Quellen FSC® C118234

ISBN 978-3-99025-432-5

Layout: freya_art, Alyssa Kamoun

Lektorat: Dorothea Forster, Barbara Schöberl

printed by GPS-Group

Fotonachweise © Adobe Stock: COVER: momosama (Blattillustration) /Christian Jung (Coverfoto) / Mannaggia (Feigen botanisch) / Ekaterina (Feigen); KERN: Chad McDermott S. 27 / agrus S. 35 / Natika S. 205 / Peter S. 207 / Ekaterina (Feigen) S. 5, 7, 8, 9, 204 / Mannaggia (Feigen botanisch) S. 3, 5, 9, 39 / Engdao S. 223 / 279photo S. 210 / innafoto2017 S. 199 / juefraphoto S. 218, 221 / Ольга Чжу S.196 / noirchocolate S. 194 / Thomas Francois S. 199 / ld1976 S. 202 / bigacis S. 204 / Yulia S. 209 / lieselfuchs S. 214 / plprod S. 217 / Deno S. 198

Norbert Liedmeier

Die Feige

Kulturgeschichte, Anbau & Pflege einer besonderen Frucht

INHALT

Die Feige bringt eine mediterrane Note in unseren Garten

WIE ICH ZUR FEIGE GEKOMMEN BIN

Zur Zeit meiner Kindheit in den Sechziger- und frühen Siebzigerjahren war es außerhalb der Großstädte noch üblich, dass die Familien einen Hausgarten bewirtschafteten, in dem sie Obst und Gemüse für den Eigenbedarf anbauten. Supermärkte mit Frischprodukten gab es damals noch nicht. Meine Eltern besaßen auch einen solchen Selbstversorgergarten mitten in Westfalen. In dem Garten wurde das gepflanzt, was man schon von den eigenen Eltern kannte. Auf die Idee, exotische Pflanzen aus fremden Regionen anzubauen, kam niemand in der Umgebung. Immerhin war es mein Großvater, der den lokalen Höhepunkt gartenbaulicher Innovationen gesetzt hatte, indem er als Erster im Dorf die Brombeersorte Theodor Reimers kultivierte. Für mich ist das geschmacklich bis heute die beste Brombeersorte. Leider kommen ihre mit Stacheln besetzten Ranken lebendem Stacheldraht gleich. An Obst gab es in unserem Garten sonst nur Äpfel, Birnen, Kirschen, Pflaumen, Stachelbeeren, Johannisbeeren und – der Höhepunkt für uns Kinder – reichlich Erdbeeren. Damals fiel der Nationalfeiertag noch auf den 17. Juni, ein wichtiges Datum – markierte es doch für die seinerzeit angebauten Sorten und unter den damaligen Klimabedingungen den Beginn der Erdbeerernte. Dank neuer Sorten und wegen der Klimaerwärmung ist die Ernte heute schon drei Wochen früher möglich.

Weintrauben kannte ich damals nur vom Hörensagen, Kiwis noch gar nicht und Feigen nur aus Büchern. Gegessen habe ich Feigen das erste Mal während des allerersten Urlaubs am Mittelmeer – da war ich schon 20 Jahre alt. Diese aus heutiger Sicht etwas provinzielle Kindheit hat zweierlei bewirkt: zum einen eine anhaltende Wertschätzung für das nicht Selbstverständliche, das Besondere. Zum anderen ein Interesse für fremde Länder, Kulturen und die dortige Flora und Fauna. Das gilt auch für Obst aus anderen, meist wärmeren Ländern.

Auf eigenen Füßen stehend, habe ich schon früh begonnen, Weinreben in unserem Garten am Niederrhein zu pflanzen. Japanische Weinbeeren und kleinfrüchtige Kiwis ließen auch nicht lange auf sich warten. Den Versuch, Feigen zu kultivieren, habe ich aber aus eigenem Antrieb nie gemacht. In Werbekatalogen von Versandgärtnereien wurden zwar angeblich winterfeste Nordlandfeigen angeboten. Ich habe den entsprechenden Anpreisungen aber misstraut. Für mich gehörten Feigen ans Mittelmeer – und nur dorthin.

Zum Anbau von Feigen hat mich erst meine Ehefrau gebracht, und auch sie nur mit Unterstützung von außen. Sie hat eines Tages von Freundinnen, die um unseren Garten wussten, eine winzig kleine Containerfeige geschenkt bekommen. Die Pflanze trug ein kleines Schildchen mit der Sortenbezeichnung *Bornholmfeige*, was mir da noch gar nichts sagte. Auf dem Schildchen wurde darauf hingewiesen, dass die Pflanze aus Dänemark stamme, was zwar zu Bornholmfeige passte, mich aber sonst eher irritierte. Heute weiß ich, dass Bornholmfeigen tatsächlich auf der dänischen Ostseeinsel Bornholm gedeihen (und von dort vermarktet werden), letztlich aber nur eine Variante der auch in anderen Ländern verbreiteten, besonders robusten Sorte *Brown Turkey* darstellen. Wie auch immer, damals habe ich mich im Auftrag meiner Frau eher pflichtschuldig als begeistert nach einem freien Plätzchen im Garten umgeschaut. Bei der geringen Größe der Pflanze war das nicht weiter schwer. Ich habe sie in den Halbschatten eines vom Eichelhäher gesäten Walnussbaums gepflanzt, aus heutiger Sicht ein eher mäßig geeigneter Standort. Nun, die kleine Feige ist angewachsen und hat die ersten Winter auch ohne Schutz gut überstanden. In den ersten beiden Jahren ist sie, wohl aufgrund der Konkurrenz mit der Walnuss, kaum gewachsen und hat auch noch keine Früchte getragen. Zugegeben: Ich hatte sie nicht mehr auf der Rechnung. Im dritten Jahr hat sie dann aber – für uns ziemlich überraschend – ein paar Früchte getragen, die nichts zu wünschen übrig ließen: Groß und lecker! Das hat ihr von einem auf den anderen Tag eine völlig neue Wertschätzung durch mich und natürlich auch meine Frau verschafft. Der Funke war übergesprungen. Und wie! Im darauffolgenden Winter habe ich den Walnussbaum, der für unser Grundstück ohnehin zu groß geworden war, beseitigt, auch um der Feige mehr Raum und Licht zu verschaffen. Das hat sie uns spontan mit einem viel stärkeren Wachstum gedankt. Und der Ertrag ist auch viel größer geworden.

Ermutigt durch diesen Zufallserfolg habe ich mich intensiver mit der Feigenkultur beschäftigt und schnell weitere Sorten zugekauft, auch um Früchte in anderen Farben und mit einem vielleicht noch besseren Geschmack ernten zu können. Von den eigenen Sorten und auf Mallorca wachsenden Feigen habe ich zudem Stecklinge geschnitten und unseren Bestand so kontinuierlich ausgebaut. Aus der einen Pflanze ist inzwischen ein kleiner Hain von 13 im Freiland wachsenden Feigen und einer ähnlich großen Zahl an Topffeigen geworden. An Feigenfrüchten herrscht bei uns im Sommer kein Mangel mehr, und das drei Monate lang fast ohne Unterbrechung.

Vielleicht geht es Ihnen schon bald ähnlich!

WARUM FEIGEN?

Unabhängig davon, welche Art von Obst man kultiviert, der Anbau von Obst im eigenen Garten ist hochaktuell. Unser Lebensstil verändert sich: Veganes Essen, regional erzeugte Produkte und ungespritzte Bioware liegen im Trend. Wie kann man diesen Anliegen besser gerecht werden, als Obst, in unserem Fall Feigen, im eigenen Garten oder auf dem Balkon anzubauen?

Feigen aus dem eigenen Garten sind kein alltägliches Obst. Viele Leute sind erstaunt, wenn sie erfahren, dass Feigen, die man gemeinhin mit dem Mittelmeerraum verbindet, auch in unserem Klima leckere Früchte bilden –

Früchte der Sorte Brown Turkey

wenn man nur ein wenig auf ihre Bedürfnisse eingeht. Für andere stellt die Feige wegen ihrer Herkunft aus südlichen Gefilden und der durch sie geweckten Assoziationen eine Art heiligen Gral unter den Früchten dar. Für sie gilt die Feige aus dem eigenen Garten als exotischer Schatz, als kulinarische Trophäe. Für manchen Gärtner in nördlichen Breiten ist schließlich die Ernte eigener Feigen ein Beweis für sein Können.

Es gibt viele Gründe, die für den Anbau von Feigen im eigenen Garten sprechen und einige wenige Herausforderungen, die es zu berücksichtigen gilt.

Warum die Feige auf unserer Prioritätenliste weit vorne stehen sollte

- *Feigen sind ein Sinnbild des Südens. Dementsprechend bringen sie mediterranes Flair in den Garten.*
- *Sie wecken Assoziationen an den Garten Eden, wo Adam und Eva ihre Blöße mit Feigenblättern bedeckten.*
- *Die Früchte schmecken köstlich! Sie sind süß und aromatisch. Es gibt wenig Besseres als eine frische Feige direkt vom eigenen Baum. Bei uns geerntete Früchte stehen denen im Süden kaum nach. Sie schmecken meist besser als die Feigen, die es bei uns im Supermarkt zu kaufen gibt und die in der Regel aus der Türkei stammen. Letztere wurden nämlich in der Regel vor der Vollreife geerntet, um für den Transport noch fest genug zu sein.*

- ***Feigen sind ertragreich. Etablierte Pflanzen tragen sehr viele Früchte.***
- ***Im Vergleich zum Beerenobst sind die einzelnen Früchte groß.***
- ***Wegen seiner großen und besonders geformten Blätter sieht ein Feigenbaum auch ohne Früchte sehr dekorativ aus.***
- ***Feigen gehören zu den am einfachsten anzubauenden Obstgehölzen. Sie sind recht anspruchslos und benötigen wenig Pflege. Sie tragen wenig zur To-do-Liste der jährlich anstehenden Gartenarbeiten bei und sind damit Obst für bequeme Menschen.***
  - *Es ist keine Rankhilfe und keine Stütze erforderlich.*
  - *Feigen erreichen zwar an besonders geeigneten Standorten stattliche Ausmaße. In der Regel können ihre Früchte aber ohne Leiter geerntet werden.*
  - *Es gibt auch Sorten, die klein bleiben. Pflanzen solcher Sorten können problemlos in Töpfen kultiviert werden. Topfkultur kann auf der Terrasse praktiziert werden, ist aber auch auf dem Balkon möglich.*
  - *Man kann Feigen beschneiden, muss das aber nicht tun.*
  - *Der Dünge- und Wasserbedarf ist gering. Wenn Feigen erst einmal angewachsen sind, sind sie sehr trockenheitsresistent. Angesichts der auch in Deutschland zunehmend häufigeren Dürreperioden ein großer Vorteil!*
  - *Feigen sind robust. Sie haben kaum Schädlinge oder Krankheiten. Ein Spritzen mit Chemikalien ist nicht erforderlich. Das spart Arbeit und schont die Umwelt – genauso wie die eigene Gesundheit.*
- ***Feigen sind recht langlebig.***
- ***Sie lassen sich leicht sortenecht aus Stecklingen oder über Absenker vermehren.***
- ***Einige Sorten produzieren zwei Mal im Jahr Früchte.***
- ***Der Ertrag setzt schnell ein. Feigen tragen früh in ihrem Leben Früchte – manchmal schon im allerersten Jahr!***

- ***Feigen benötigen keine Bestäubung.***
- ***Feigen sind die Früchte der Vorfreude. Beim Blattfall im Herbst kann man bei genauem Hinsehen bereits die Ansätze für die im nächsten Sommer reifenden Früchte erkennen. Mehr als acht Monate, um sich auf die nächste Ernte zu freuen – und bereits abschätzen zu können, wie viele Feigen es im kommenden Jahr geben wird. Keine andere Obstart ermöglicht eine solche Langfristprognose.***

Herausforderungen bei der Feigenkultur

Dem stehen einige wenige Herausforderungen gegenüber:

- ***Feigen sind anspruchsvoll in Bezug auf das Klima:***
  - *Sie sind nur eingeschränkt winterhart. Ein geschützter Standort ist empfehlenswert.*
  - *Feigen sind empfindlich in Bezug auf Spätfröste und andere Temperaturschwankungen, wie stark voneinander abweichende Tag- und Nachttemperaturen.*
  - *Feigen sind wärmebedürftig, vor allem, wenn sie Herbstfrüchte bilden sollen.*
  - *Sie sind wind- und (dauer-)regenempfindlich.*
  - *Es gibt aber Sorten, die auch mit mitteleuropäischen Sommern zurechtkommen. Bei anhaltendem Klimawandel werden arg kühle Sommer ohnehin zunehmend selten.*
- ***Feigen sind schwer zu verpflanzen.***
- ***Die Früchte sind nach der Ernte nur kurze Zeit haltbar.***

Wenn man weiß, worauf es zu achten gilt, sind diese Herausforderungen sicher zu meistern. Geht man die Sache richtig an, ist die Feige ein Obstgehölz, das wenig Probleme bereitet und einem viele Erfolgserlebnisse verschafft. Nicht zu unterschätzen: Die Mythen, die sich um die Feige ranken, bieten eine Menge Kopfkino. Die Feige ist eben eine ganz besondere Frucht!

GESCHICHTEN, LEGENDEN UND ANEKDOTEN

In der langen Zeit seiner Kultur als Obstbaum entstanden zahlreiche Legenden über die Herkunft, den Nutzen und die besonderen Eigenschaften des Feigenbaums und seiner Früchte. Viele davon sind in der antiken und sogar in der modernen Literatur für uns erhalten geblieben.

Adam und Eva

In der Bibel ist die Feige die einzige namentlich erwähnte Pflanze des Gartens Eden. Dort aßen Adam und Eva vom Baum der Erkenntnis und wurden sich so ihrer Nacktheit bewusst: „Sie hefteten Feigenblätter zusammen und machten sich einen Schurz“ (1. Buch Mose 3, 7).

Die Metapher des Feigenblatts für schamhafte Verhüllung geht darauf zurück. Auch werden in Anlehnung an die Geschichte von Adam und Eva Darstellungen von Feigenblättern seit Langem verwendet, um die Genitalien von Aktfiguren in Malerei und Skulptur zu bedecken.

Albrecht Dürer: Adam und Eva (1507)

© Wikipedia: Galería online del Museo del Prado de Madrid: Adán y Eva

Ein schönes Beispiel dafür: 1857 erhielt die britische Königin Victoria als Geschenk eine Kopie von Michelangelos Marmorstatue, die den nackten David zeigt. Die Königin war so schockiert über Davids volle, ins Auge springende Nacktheit – es war schließlich die Zeit viktorianischer Prüderie –, dass sie darauf bestand, ein abnehmbares Feigenblatt aus Gips anfertigen zu lassen, um empfindlichen Besuchern den Anblick der Genitalien zu ersparen.

DIE BEZEICHNUNGEN FÜR DIE FEIGE

Der Feigenbaum ist als Feige, Gewöhnliche Feige oder Essbare Feige bekannt. Bei genauem Hinsehen lassen diese Namen erkennen, dass die Pflanze aus dem Mittelmeerraum zu uns gekommen ist. Das deutsche Wort *Feige* geht nämlich auf das lateinische *Ficus* zurück, mit dem die Römer die Pflanze bezeichnet haben und das heute in der Botanik für alle zur Feigengattung gehörenden Arten verwendet wird. Aus *Ficus* sind neben dem deutschen Namen Feige auch das italienische *Fico*, das portugiesische *Figo*, das spanische *Higo*, das französische *Figuier* (für den Baum) und *Figue* (für die Frucht), das niederländische *Vijg* und das frühe englische Figge oder *Fegge*, später zu „*Fig*" verkürzt, abgeleitet.

In Griechenland war die essbare Feige als Sykon bekannt, von dem sich „Sykonium" ableitet, der botanische Name der Frucht. In Italien werden für die Wildfeige die Namen *profico* und *caprificus* verwendet. Letzterer stammt von *Capra* (Ziege) und Ficus (Feige) und bezieht sich auf eine vermeintliche Wertlosigkeit der omnipräsenten Früchte.

Der wissenschaftliche Name der Feige ist *Ficus carica L.* Der zweite Teil dieses Namens bedeutet *„aus Karien"* und verweist auf eine antike Landschaft im südwestlichen Kleinasien. Von hier kamen in der Antike getrocknete Feigen ausgezeichneter Qualität – den heutigen, besonders geschätzten Smyrna-Feigen ähnlich – in den Handel.

Das gelobte Land

Im 5. Buch Mose (Kapitel 8, Verse 8–10) beschreibt Moses den Israeliten während der entbehrungsreichen Wanderung durch die Wüste das versprochene gelobte Land:

„Denn der Herr, dein Gott, führt dich in ein gutes Land, ein Land, darin Bäche und Brunnen und Seen sind, die an den Bergen und in den Auen fließen; ein Land, darin Weizen, Gerste, Weinstöcke, Feigenbäume und Granatäpfel wachsen; ein Land darin Ölbäume und Honig sind."

URSPRÜNGLICHER LEBENSRAUM

Wir verbinden Feigen mit Südeuropa und dem Mittelmeer. Und tatsächlich deuten genetische Untersuchungen darauf hin, dass die Echte Feige *Ficus carica* im Mittelmeergebiet heimisch ist, sie hier also nicht erst später eingeführt wurde und dann verwildert ist. Die heutigen Sorten gehen dabei auf Wildformen zurück, die im Osten des Mittelmeerraums vorkamen und dort ausgelesen wurden. Zum Erbgut der heutigen Sorten haben aber auch großfruchtige wilde Feigensträucher beigetragen, die in den Laubwäldern zwischen dem Pontischen Gebirge in der heutigen Türkei und den an das Kaspische Meer angrenzenden Landschaften des Iran wachsen. Einige Botaniker betrachten sie als einen Ökotyp von *Ficus carica*, während andere sie als eigene Arten *F. colchica* und *F. hyrcanica* einstufen.

Die Juden im Konflikt mit Assyrien

Hiskija war König des jüdischen Südreiches Juda, das zum Vasallen Assyriens geworden war. 701 v.Chr. wagte er im Vertrauen auf ägyptische Hilfe den Aufstand gegen Assyrien, was dessen König Sanherib veranlasste, Jerusalem anzugreifen. Dabei versuchten die Assyrer die Armee Hiskijas zu schwächen, indem sie jedem Überläufer versprachen, er solle „von seinem eigenen Weinstock und Feigenbaum essen und von seinem Brunnen trinken" (2. Buch der Könige, Kapitel 18, Vers 31). Weinstock und Feigenbaum dienen hier als Symbol für ein friedliches Leben in Wohlstand, das den Überläufern in Aussicht gestellt wird.

An anderer Stelle des Alten Testaments wird exakt dasselbe Bild verwendet, um den unter König Salomo erreichten Frieden und Wohlstand zu beschreiben (1. Buch der Könige, Kapitel 4, Vers 25: „Jeder Mann unter seinem eigenen Weinstock und Feigenbaum"). Auch im Buch Micha heißt es im Rahmen einer Endzeitprophezeiung: „Jeder sitzt unter seinem Weinstock und unter seinem Feigenbaum und niemand schreckt ihn auf" (Kapitel 4, Vers 4).

ENTWICKLUNG DER FEIGE ZUR KULTURPFLANZE UND IHRE VERBREITUNG

Schaut man sich an, wie sich die Kultur des Feigenanbaus entwickelt und verbreitet hat, stellt man fest, dass sich hierin Weltgeschichte spiegelt.

Fruchtbarer Halbmond

Es besteht Einigkeit darüber, dass die Entwicklung der Feige von der Wildart zur Kulturform, die Domestizierung, wie bei vielen anderen Agrarpflanzen im Winterregengebiet am nördlichen Rand der Syrischen Wüste erfolgt ist. Dieses Gebiet schließt an die arabische Halbinsel an. Es ist als Fruchtbarer Halbmond bekannt, weil es sich in Form einer Mondsichel vom Persischen Golf im Süden des heutigen Irak über den Norden von Syrien, den Libanon, Israel, Palästina und Jordanien erstreckt.

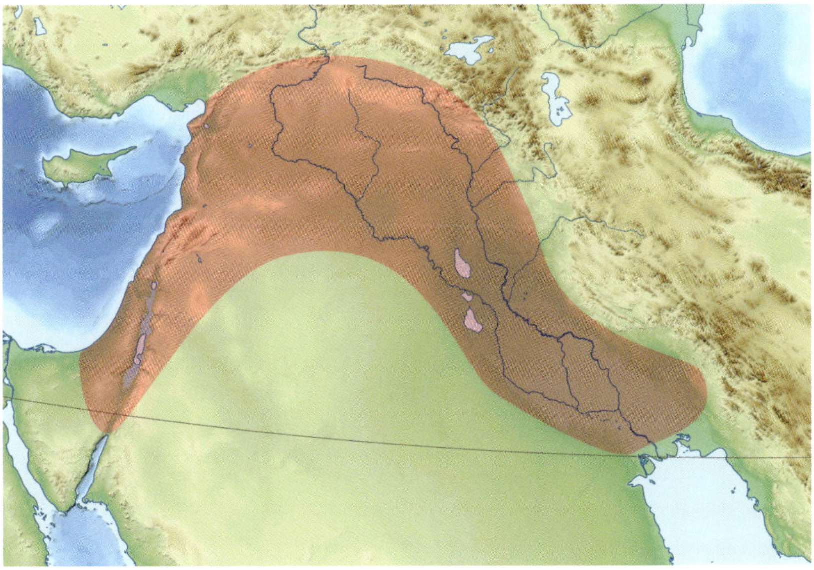

Fruchtbarer Halbmond

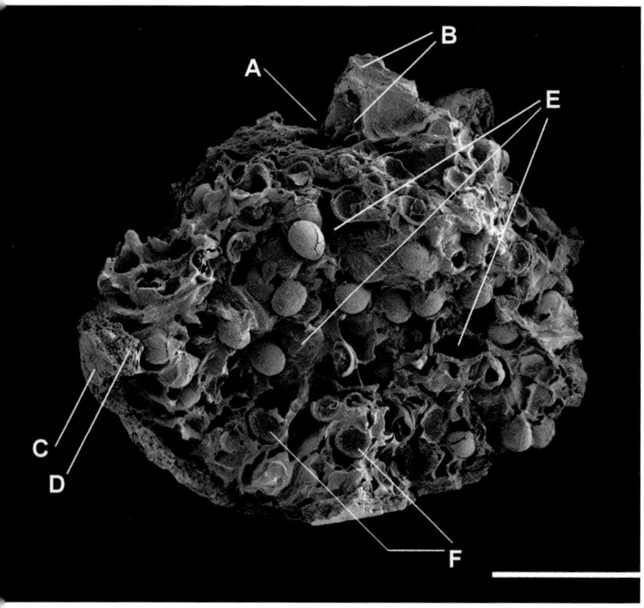

Aufgebrochene karbonisierte Feigenfrucht von Gilgal I. Ostiolum (A) umgeben von Schuppen (B). Die Fruchtschale (C) bedeckt das dünne Fruchtfleisch (D) und den inneren Teil (E), der die leeren Steinfrüchte (F) enthält. Maßstabsbalken, 5 mm

Zur Domestikation der Feige dürfte es im Zuge der etwa im 12. Jahrhundert v. Chr. einsetzenden neolithischen Revolution, in welcher der Mensch vom umherziehenden Jäger und Sammler zum sesshaften Bauern wurde, gekommen sein. In der Ausgabe der naturwissenschaftlichen Fachzeitschrift Science vom 2. Juni 2006 wird berichtet, dass israelische Archäobotaniker in der frühneolithischen Grabungsstätte Gilgal I, einem nördlich von Jericho im Jordantal gelegenen Dorf aus der Zeit zwischen 9400 und 9200 v. Chr., neben größeren Mengen an Wildfrüchten, wie Wildgerste, Hafer und Eicheln, hunderte Kerne von Feigen und neun fossilierte Feigenfrüchte gefunden haben. Mit einem Durchmesser von 18 Millimetern waren die Feigenfrüchte relativ klein. Da sie nicht zerdrückt oder sonst beschädigt waren, geht man davon aus, dass sie für den Verzehr getrocknet wurden.

Die eigentliche Bedeutung dieses Fundes resultiert aus einer weiteren Beobachtung: Bei mehr als 90 Prozent der Kerne fand man keine Hinweise auf fruchtbare Samen, was darauf schließen lässt, dass sie parthenokarp, also ohne Befruchtung, entstanden sind. Das aber bedeutet, dass die Pflanzen, an denen sie gewachsen sind, mit hoher Wahrscheinlichkeit ihrerseits nicht aus Samen, sondern durch vom Menschen verbreitete Stecklinge entstanden sind. Um sicherzugehen, dass es sich bei den samenlosen Feigen nicht um einen singulären Fund handelt, untersuchten die Forscher Feigen aus anderen, in der Nähe gelegenen Fundstätten – Netiv Hagdud, Gesher,

Jericho Phase VIIB und Gilgal III –, die alle das gleiche Ergebnis lieferten. Die Feigen von Gilgal I stammen demnach von einer sterilen Mutation bei Feigenbäumen, die dem Menschen Vorteile bietet, aber ohne sein Zutun mit dem Absterben des Baumes verloren geht. Die Bewohner von Gilgal I dürften also einerseits Wildpflanzen gesammelt, andererseits Feigenbäume bewusst gepflanzt haben, um sich Nahrung zu sichern. Schon zu diesem frühen Zeitpunkt dürften sie gewusst haben, dass die samenlosen Pflanzen von sich aus keine neuen Bäume hervorbringen, man sie dafür aber sehr leicht vermehren kann, indem man einen abgeschnittenen Zweig in den Boden steckt.

Dass ausgerechnet die Feige so früh domestiziert wurde, dürfte auch damit zusammenhängen, dass sie ein robustes Gewächs ist, das Hitze, Kälte und auch Trockenheit gut aushält. Diese Vorzüge führten vermutlich dazu, dass die Echte Feige als erste Obstart rund 5.000 Jahre vor Weintrauben, Oliven und Datteln kultiviert wurde. Der Fund von Gilgal I könnte gar vor der Domestizierung von Gerste, Emmer und Einkorn, Kichererbsen und Linsen datieren und somit überhaupt das erste Zeugnis einer Form von Landwirtschaft sein.

Neben den archäobotanischen Funden gibt es weitere, gar schriftliche Belege für die frühe Kultur der Feige im Fruchtbaren Halbmond. Der sumerische König *Urukagina*, der um 2350 v. Chr. herrschte, erwähnte die Feige auf Steininschriften und wies auf ihre medizinischen Eigenschaften hin. *Urukagina* ist heute vor allem als Reformer bekannt, der Steuererleichterungen verfügte und Schuldknechtschaften aufhob.

In einem babylonischen Hymnenbuch von etwa 2000 v. Chr. kommen die Worte „Süßer als Datteln oder Feigen“ vor.

Auf assyrischen Reliefs aus Ninive im heutigen Irak sind Feigenbäume dargestellt, die an ihren Blättern und birnenförmigen Früchten zu erkennen sind. Die assyrischen Könige *Sanherib* (etwa 745–680 v. Chr.) und *Assurbanipal* (669–631/627 v. Chr.) rühmten sich in Inschriften, alle Arten von Bäumen und jede Frucht und jedes Gemüse in ihren Palastgärten angepflanzt zu haben. Einige Wissenschaftler vertreten die These, dass diese Palastgärten der reale Hintergrund für die Berichte über die *Hängenden Gärten der Semiramis*, eines der sieben Weltwunder der Antike, sind.

Die hebräische Bibel (im Wesentlichen identisch mit dem Alten Testament der christlichen Bibel) erwähnt die Feige 38 Mal und damit häufiger als jede andere Frucht. Bekannt ist die heute meist auf das 6. oder 5. Jahrhundert v. Chr. datierte Geschichte von Adam und Eva (1. Buch Mose 3,7), die sich nach dem Genuss der verbotenen Frucht vom Baum der Erkenntnis im Garten Eden ihrer Nacktheit bewusst wurden: *„Sie hefteten Feigenblätter zusammen und machten sich einen Schurz."*

Ägypten

Vom Fruchtbaren Halbmond aus dürfte die Feigenkultur schon früh benachbarte Regionen erreicht haben. Ab etwa 7000 v. Chr. gelangte der Ackerbau vom Fruchtbaren Halbmond aus durch migrierende Bauern in das bis dahin von Jägern und Sammlern bewohnte Südeuropa. Es liegt nahe, dass schon dabei Feigen verbreitet wurden.

Die zweite Möglichkeit besteht in Handelsbeziehungen, die sich ab der Bronzezeit entwickelten. Für die Zeit um 2740 v. Chr. sind Handelskontakte zwischen der im heutigen Libanon, einem Teil des Fruchtbaren Halbmonds, gelegenen phönizischen Hafenstadt Byblos und Ägypten nachgewiesen. Die Aufnahme von Handelsbeziehungen erfolgte spätestens zur Zeit des ägyptischen Pharaos Chasechemui (bis um 2740 v. Chr.), dessen Name auf einem in Byblos gefundenen Gefäßbruchstück bezeugt ist. Wir dürfen davon ausgehen, dass der Anbau der Feige zu dieser Zeit – über 6.500 Jahre nach Gilgal I – in allen Teilen des Fruchtbaren Halbmonds, einem einheitlichen Kulturraum, verbreitet war. Es ist weiter wahrscheinlich, dass die Ägypter mit den levantinischen Kaufleuten nicht nur Keramik ausgetauscht haben, sondern von ihnen auch Kulturpflanzen bezogen haben. Erst recht wird man das für ein wegen der (samenhaltigen) Trockenfrüchte und der Stecklingsvermehrung so leicht zu transportierendes und anzupflanzendes Gewächs wie die Feige annehmen dürfen. Für Ägypten kommt hinzu, dass die Bewohner dieses Landes einer anderen Feigenart, der stattlichen Maulbeer-Feige *(Ficus sycomorus)*, dem größten in Ägypten wachsenden Baum, von alters her große Verehrung entgegenbrachten, sie gar als Erscheinungsform einer Göttin oder zumindest heilig ansahen. Obwohl die Früchte der Maulbeer-Feige die Qualität der Echten Feige nicht erreichen, schätzten die Ägypter auch sie. Das zeigt eine Darstellung der Ernte von Maulbeer-Feigen von der Wand eines Grabes in Beni Hassan (12. Dynastie, 20. Jh v. Chr.).

Die Maulbeer-Feige ist ebenso wenig wie die Echte Feige in Ägypten heimisch, sondern stammt aus dem Afrika südlich der Sahara. Auch sie wurde also früh nach Ägypten eingeführt, vielleicht von einem Quellfluss des Nil. Wie die parthenokarpe Form der Echten Feige bedurfte die Maulbeer-Feige, die – wie schon der antike Naturforscher *Theophrast* wusste – in Ägypten mangels Bestäuber nur parthenokarpe Früchte, aber keine fruchtbaren Samen ausbildet, für ihre Vermehrung der Hilfe des Menschen. Das beweist, dass die Ägypter mit der Stecklingsvermehrung schon früh vertraut gewesen sind. So geschult sollten sie nicht gezögert haben, sich von ihren phönizischen Handelspartnern Stecklinge der in Bezug auf ihre Früchte noch begehrenswerteren Echten Feige geben zu lassen. Spätestens mit den ersten Handelskontakten nach Phönizien dürfte damit auch die Echte Feige ihren Weg nach Ägypten gefunden haben.

Kreta und Griechenland

Ägypten stand auch mit anderen Ländern in Kontakt, so mit dem minoischen Kreta. Aus der minoischen Vorpalastzeit (26. Jahrhundert v. Chr.) datieren altägyptische Obsidian-Gefäße, Nilpferdfiguren aus Elfenbein sowie Fayence-Scherben, die zusammen mit einem Gefäß mit dem Namen von *Thutmosis III.* an der nordöstlichen Küste bei Knossos geborgen wurden. Wie bei den ägyptischen Kontakten nach Phönizien ist es wahrscheinlich, dass zur Handelsware erneut Feigenstecklinge gehört haben, zumal für andere, schwieriger anzubauende Kulturpflanzen, wie Dattelpalme und Papyrus, nachgewiesen ist, dass die Minoer sie aus Ägypten importiert haben. Kreta – und damit Europa – dürfte so frühzeitig von der domestizierten Echten Feige erreicht worden sein. Aus der Neupalastzeit zwischen 1700 und 1450 v. Chr. gibt es folgerichtig Abbildungen von Feigen auf kretischen Gebäuden.

Aus dem 17. Jahrhundert v. Chr. datieren altägyptische Güter, die Archäologen auf dem griechischen Festland gefunden haben. Wenn die Griechen zu dieser Zeit – zunächst wahrscheinlich über Kreta – mit ägyptischen Waren versorgt wurden, spricht viel dafür, dass wiederum Feigen(pflanzen) dazugehört haben. Die frühe Wertschätzung der Feige in Griechenland zeigt sich auch daran, dass sie schon in der um 730/720 v. Chr. entstandenen, *Homer* zugeschriebenen *Odyssee* erwähnt wird. Etwa zeitgleich heißt es bei Hesiod:

„Eine andere Zeit zum Segeln ist im Frühling, wenn ein Mann Blätter am obersten Trieb eines Feigenbaums sieht, die so groß sind wie der Fußabdruck, den eine Krähe hinterlässt."

Dass die Annahme einer frühen Verbreitung der domestizierten Feige über den Fruchtbaren Halbmond hinaus mehr als eine Spekulation ist, beweist ein Fund, der 1982 vor der türkischen Südwestküste nahe der griechischen Insel Rhodos gemacht wurde. Auf dem Meeresgrund wurde hier von Schwammtauchern das Wrack eines wohl aus Phönizien stammenden Frachtseglers gefunden, der im 14. Jahrhundert v. Chr. gesunken ist.

Fundort des Schiffes

Dieses sogenannte Schiff von Uluburun war mit Gütern aus den kanaanitischen Stadtstaaten der Levante, aus Zypern, Ägypten, Sizilien, Festlanditalien, aus Assur im heutigen Irak, dem mykenischen und nordgriechisch-thrakischen Raum und sogar mit Bernstein von der Ostsee beladen. Diese Ladung beweist, dass spätestens in der Bronzezeit alle damaligen Staaten des östlichen Mittelmeerraums bis hin nach Italien durch Handel miteinander verbunden waren. Besser noch: Zu den an Bord gefundenen Gegenständen gehörten auch Feigenfrüchte, was belegt, dass auch sie vom bronzezeitlichen Handel im östlichen und zentralen Mittelmeerraum erfasst wurden. Es liegt nahe, dass sie hier nicht nur transportiert, sondern im gesamten Raum auch angebaut wurden. Wer die Feigenfrucht als Nahrungsmittel kennengelernt hat, wird auch nach ihrem – unkomplizierten –– Anbau gestrebt haben.

Zentraler und westlicher Mittelmeerraum

Es gibt sogar Hinweise darauf, dass weitreichende Handelsbeziehungen noch viel früher existiert haben, und zwar nicht nur innerhalb des östlichen Mittelmeerraums, sondern auch mit dem zentralen Mittelmeerraum. So wurden Fragmente minoischer Keramik auf Lipari, einer vor der Nordküste Siziliens liegenden Insel, gefunden. Sie könnten aus der Zeit um 2500 v. Chr. stammen, als die Minoer mit dem auf Lipari vorkommenden Obsidian handelten.

Der frühe Transfer der Feige aus dem östlichen in den zentralen Mittelmeerraum wird auch dadurch belegt, dass in Süditalien aus dem 9. Jahrhundert v. Chr. stammende künstliche Perlen in Form einer Feigenfrucht gefunden wurden, die solchen aus Syrien und Ägypten ähnlich sind.

Etwa zur selben Zeit, aus der die Perlenfunde stammen, nämlich dem späten 9. oder frühen 8. Jahrhundert v. Chr., wurden von Phöniziern die Städte Karthago – im heutigen Tunesien – und Cádiz – an der spanischen Atlantikküste, bereits jenseits der Straße von Gibraltar, – angelegt. Etwas später wurden dann von Griechen das heutige Marseille in Südfrankreich gegründet (7. Jahrhundert v. Chr.) und die Halbinsel Krim im Schwarzen Meer kolonisiert (6. Jahrhundert v. Chr.). Zum Gepäck der Kolonisatoren dürften jeweils auch Feigenstecklinge aus ihrer Heimat gehört haben. Warum sollen sie anders gehandelt haben als zum Beispiel die englischen Siedler, die im frühen 17. Jahrhundert bekanntermaßen Samen europäischer Obstbäume, wie Äpfel, Birnen, Kirschen und Pflaumen, in ihre neue Heimat in den englischen Kolonien im Osten der USA mitnahmen? Damit dürfen wir annehmen, dass die Feigenkultur weit vor *Alexander dem Großen* und der römischen Zeit im gesamten Mittel- und Schwarzmeerraum verbreitet war.

Griechen, Römer und Araber

Griechen und Römer als Obstliebhaber haben die Feigenkultur verfeinert. Wie der Wein stellten Feigen im antiken **Griechenland** und in **Italien** ein Grundnahrungsmittel dar. Frisch oder getrocknet wurden sie von Arm und Reich fast täglich konsumiert. Attika, die Region um Athen, war berühmt für seine Feigen. Jeder Einwohner Athens galt als Philosykos, was wörtlich „Freund der Feige“ bedeutet, wie auch der Philosoph *Platon* von sich behauptete.

Der griechische Geograf Strabon besuchte um die Zeitenwende in der Nähe der heutigen Stadt Aydın an der türkischen Mittelmeerküste die Schule. Er berichtete, dass die dortigen Feigen schon damals hochgeschätzt wurden und den höchsten Preis auf dem Markt einbrachten. Bis heute wird eben dieses Gebiet um Izmir, früher Smyrna genannt, als das mit den besten Feigenfrüchten angesehen.

In **Rom** waren Feigen bei allen Bevölkerungsschichten sehr beliebt. Die Römer führten nicht nur gute Sorten aus Griechenland ein, sondern betrieben auch in ihrem eigenen Land eine Auslese der besten Sämlinge. Der Gelehrte *Plinius der Ältere* beschrieb im 1. Jahrhundert n. Chr. in seinem Werk *Naturalis historia* nicht weniger als 29 Feigensorten.

Um den Feigenanbau verdient gemacht haben sich auch die muslimischen **Araber**. Auf der **Iberischen Halbinsel** erlangte die Feigenkultur unter maurischer Herrschaft eine noch größere Bedeutung als in Italien und Griechenland. Arabische Namen für die Frucht werden noch heute in Ländern des alten Kalifats verwendet. So ist, abgeleitet vom arabischen *tokkar*, die Bocksfeige in Portugal als *fico de toca* bekannt. Auch in Malta ist der Name *tokar* noch heute gebräuchlich.

Nördliches Europa im Mittelalter

Im nördlichen Europa hat die Feigenkultur vor der Neuzeit nicht nachhaltig Fuß gefasst, obwohl es Hinweise darauf gibt, dass die Römer erste Feigenbäume in **England** gepflanzt haben. Von *Karl dem Großen* wird berichtet, dass er im Jahre 812 erfolglos versucht habe, Feigen in den **Niederlanden** heimisch zu machen. Im Mittelalter könnte die Feige infolge der Kreuzzüge neuerlich den Weg in einzelne westeuropäische Gärten gefunden haben. So sollen im Garten des in der **Pfalz** liegenden Klosters Disibodenberg um 1150 Feigenbäume in großer Zahl gepflanzt worden sein. *Wolfram von Eschenbach* erwähnt in dem zwischen 1200 und 1210 entstandenen Versroman *Parzival* den Anbau des „vigenboums“ in den Burggärten.

Dass die Feige bereits im 13. Jahrhundert in **England** wuchs, zeigt die Angabe des Chronisten *Matthew Paris*, dass bei dem Unwetter von 1257

„fast alle Feigen zerstört wurden". Schließlich soll ein Feigenbaum im **württembergischen** Beutelsbach vor 1321 gepflanzt worden sein und bis 1800 überlebt haben.

Asien

Wir haben uns bis hierher mit dem frühen Weg der Feige in den Mittelmeerraum und das angrenzende Europa beschäftigt. Der Anbau der Echten Feige ist aber auch in östlicher Richtung weit nach Asien hinein vorangeschritten. Über **Persien** hat sie **Afghanistan**, die pakistanische Provinz **Belutschistan** und **Nordindien** erreicht. Im Norden ist sie bis **Buchara** im heutigen Usbekistan und sogar bis in das heute zu China gehörende **Sinkiang** vorgedrungen. In diesen Gegenden gedeihen aber auch noch andere Feigenarten, wie *Ficus palmata*, deren Früchte zwar kleiner, aber ebenfalls essbar sind. Im indisch-pakistanischen Punjab werden sie sogar vermarktet.

Das eigentliche **China** wurde – von Persien oder Indien aus – spätestens zur Zeit der Tang-Dynastie (617–907 n. Chr.) erreicht. Diese Epoche war von einer kulturellen Öffnung des Landes nach außen gekennzeichnet. Nicht von ungefähr hat auch das Christentum zu dieser Zeit seinen Weg nach China gefunden. Die Echte Feige hat in China aber zu keiner Zeit eine wichtige Rolle gespielt. Sie könnte nach der Tang-Zeit sogar wieder in Vergessenheit geraten sein. Der nächste zuverlässige Hinweis, dass sich die Echte Feige in chinesischen Gärten befand, stammt nämlich erst aus dem Jahr 1550 und könnte deshalb eine Neueinfuhr etwa durch portugiesische Seefahrer dokumentieren.

In den feuchten Tropen Indiens oder Südostasiens hat die Kultur der an aride Bedingungen angepassten Echten Feige nie Fuß gefasst. Der Baum gedeiht hier nicht.

Verbreitung in der Neuzeit

Einen enormen Aufschwung hat die Verbreitung der Feige in der Neuzeit erfahren. Sie wurde erneut im nördlichen Europa angepflanzt, und zwar zunächst in Adelsgärten. Dafür gibt es zwei frühe Beispiele aus **England**: Ein berühmter Feigenbaum im Garten des Lambeth-Palastes am Südufer der Themse wurde Berichten zufolge 1525 während der Regierungszeit *Heinrichs VIII.* eingeführt. Dieser Baum der Sorte *White Marseilles* erreichte, obwohl er durch den Frost von 1813 bis 1814 schwer geschädigt wurde, einen Stammumfang von gut 50 Zentimetern. 1836 sollen im Lambeth-Palast nur noch Stecklinge des ursprünglichen Baumes gewachsen sein. Das zweite Beispiel datiert ebenfalls aus der Zeit des englischen Königs *Heinrich VIII.* Dieser hatte *Thomas Cranmer* zum Erzbischof von Canterbury ernannt, der sich dafür erkenntlich zeigte, indem er die erste *Ehe Heinrichs* mit *Katharina von Aragón* annulierte und die ersatzweise geschlossene Ehe mit der – später hingerichteten – *Anne Boleyn* billigte. Eben dieser *Thomas Cranmer* soll von einer Italienreise Feigenbäume mitgebracht und sie um 1533 in den Manor House Gardens im heutigen Londoner Stadtteil Mitcham gepflanzt haben. Diese wuchsen zu Bäumen heran, die einen Stammdurchmesser von etwa 30 Zentimetern erreichten, dann aber 1790 zerstört wurden.

Auch in **deutschen** Gärten waren Feigenbäume im 16. Jahrhundert – zumindest als Kübelpflanzen – präsent. In der Bearbeitung des Kräuterbuches von Mattioli, die Joachim Camerarius 1586 herausgegeben hat, heißt es in Bezug auf Feigen:

„Auch an vielen orten in Teutschland, wann man sie im Winter wol verwahret, die grösten aber hab ich in dem herrlichen Churfürstlichen Garten zu Heydelberg, Item, zu Müncheim, neben anderen fruchtbaren Granat unnd Pomerantzen-Bäumen gesehen."

Am Hof des **französischen** Königs *Ludwig XIV.* in Versailles wurden zu Beginn des 18. Jahrhunderts über 700 Feigenbäume verschiedener Sorten in großen Kübeln gezogen, an denen in der Saison täglich 4.000 Früchte für die königliche Tafel geerntet wurden.

Für die Verbreitung des Feigenbaums in aller Welt sorgten die europäischen Kolonialmächte, beginnend mit der **Neuen Welt:**

Laut Aufzeichnungen im Archiv der Casa de Contratación, der spanischen Behörde für die Entdeckungs- und Eroberungsexpeditionen in die Neue Welt, wurden europäische Feigenbaumsorten erstmals 1520 nach **Westindien** geschickt. Dabei brachten die Spanier keine Feigensamen, sondern Stecklinge oder bewurzelte Pflanzen verschiedener Sorten, die für ihre guten Eigenschaften bekannt waren, nach Neuspanien. *Gonzalo Fernández de Oviedo* berichtete in seiner 1526 veröffentlichten Chronik *La Natural Hystoria de las Indias*, dass Feigenbäume aus Spanien auf der – heute zwischen der Dominikanischen Republik und Haiti geteilten – **Insel Hispaniola** bereits hervorragende Früchte trugen.

Die ersten Feigen auf dem amerikanischen Festland wurden in **Peru** gepflanzt. 1538 ließ *Francisco Pizarro*, der Eroberer des Inkareichs, im Patio seines Gouverneurspalastes in Lima einen Feigenbaum anpflanzen, der sich sogar bis heute erhalten hat. 1560 wurden die ersten Feigen in Nordamerika, und zwar in **Mexiko**, angebaut. Der erste Nachweis von Feigen in den **USA** stammt aus dem Jahr 1577. In diesem Jahr wurden in Santa Elena Feigen angepflanzt. Auch dieser Ort gehörte damals zum spanischen Weltreich und war – obwohl heute im US-Bundesstaat South Carolina gelegen – sogar erste Hauptstadt der spanischen Kolonie Florida. Im Jahre 1590 erklärte dann der Missionar und Gelehrte *José de Acosta* in seiner *Historia natural y moral de las Indias*, der ältesten Übersicht über die Neue Welt, dass in den spanischen Kolonien im Überfluss Feigen wüchsen, hauptsächlich in Peru.

Auch außerhalb des spanischen Einflussbereichs fassten Feigen Fuß. Nach **Jamestown, Virginia**, der ersten dauerhaften, 1607 gegründeten englischen Siedlung in Nordamerika, wurden sie – von den Bermudainseln aus – schon 1621 gebracht. Im 17. Jahrhundert waren Feigen in den damaligen **englischen Kolonien im Südosten der heutigen USA** weit verbreitet. Sie wuchsen auf den dort existierenden Plantagen und dienten auch der Ernährung der aus Afrika stammenden Sklaven. Auch die späteren US-Präsidenten *George Washington* und *Thomas Jefferson* – Letzterer ein ausgewiesener Feigenliebhaber! – besaßen Feigenbäume auf ihren Landgütern Mount Vernon beziehungsweise Monticello, obwohl die Pflanzen dort in Virginia wegen der im Vergleich zum Deep South niedrigeren Wintertemperaturen schwerer zu kultivieren waren. *Jefferson*, der hauptsächliche Verfasser der amerikanischen Unabhängigkeitserklärung, schrieb 1787 in einem erhalten gebliebenen Brief:

„Die Feige und die Maulbeere sind in Amerika so bekannt, dass über sie nichts gesagt werden muss. Auch ihre Kultur wird von Frauen und Kindern betrieben und ist daher in Ländern, in denen es Sklaven gibt, ernstlich zu wünschen."

An der Westküste Nordamerikas wurden 1769 die ersten Feigenbäume im heutigen US-Bundesstaat **Kalifornien** eingeführt. Damals gründeten – noch zu spanischer Kolonialzeit – Missionare des Franziskanerordens eine Mission in San Diego und pflanzten dort Obstbäume an, die sie aus Missionsstationen im heute zu Mexiko gehörenden Niederkalifornien mitgebracht hatten. Dort gediehen schon 1711 aus Spanien stammende Feigen. Die am häufigsten gepflanzte Sorte wurde in den USA wegen der Missionsstationen, von denen die Feigenkultur in Kalifornien ausgegangen war, gar unter dem Namen *Mission* bekannt. Sie existiert bis heute. Im Zuge der US-amerikanischen Besiedlung Kaliforniens wurde ab etwa Mitte des 19. Jahrhunderts eine größere Zahl weiterer Feigensorten aus den östlichen Vereinigten Staaten und auch aus Europa eingeführt. Um 1880 erhielt man in Kalifornien erste Stecklinge des Smyrna-Typs, die aber erst Früchte trugen, nachdem man kurz vor der Jahrtausendwende die für ihre Befruchtung nötige Feigenwespe aus dem Mittelmeerraum eingeführt hatte.

Im 16. oder 17. Jahrhundert gelangten europäische Feigensorten nach **Japan**, vielleicht im Zuge der 1549 einsetzenden Missionierung durch Portugiesen und Spanier. Möglich ist aber auch eine Einfuhr über China als Mittler.

Nach **Südafrika** ist die Feige in der zweiten Hälfte des 17. Jahrhunderts gekommen. In seinem Kräuterbuch *Theatrum Botanicum* schrieb der eidgenössische Gelehrte Theodor Zwinger 1690:

„In der Landschafft Capitis Bonœ Spei, der guten Hoffnung, tragen die Feigenbaeum jederzeit ihre Frucht."

Da im 17. Jahrhundert protestantische Auswanderer aus Frankreich, die als Hugenotten bekannt sind, nach Südafrika ausgewandert sind, liegt es nahe, dass sie Stecklinge des in (Süd-)Frankreich hochgeschätzten Obstes mitgebracht haben.

Das erste Pflanzen eines Feigenbaums auf der zum australischen Bundesstaat **Tasmanien** gehörenden Insel Bruny Island wird dem englischen Kapitän William Bligh zugeschrieben. Dabei handelt es sich um eben jenen Schiffsführer, der wenige Jahre zuvor Brotfruchtbäume von Tahiti zu den britischen Besitzungen in der Karibik hatte transportieren sollen und der dabei die gegen ihn gerichtete legendäre Meuterei auf der Bounty durchlitten hatte. Bligh soll 1792 eine Reihe von Obstbäumen, wie Quitten, Feigen und Granatäpfel, in der Nähe der Adventure Bay gepflanzt haben. 1803 wuchsen dann auch auf dem **australischen Festland** Feigenbäume und 1824 wurde berichtet, dass sowohl Orangen als auch Feigen von ordentlicher Qualität waren.

Auf **Hawaii** wurden Feigenbäume erstmals – und gleich erfolgreich – im Jahre 1813 angepflanzt.

Derzeitige Anbaugebiete

Heutzutage werden Feigen in nahezu allen Gebieten der Erde mit **subtropischem Klima**, bis hin nach Neuseeland, kultiviert und meist in Plantagen angebaut.

Anbaugebiete

Die wichtigsten Anbaugebiete sind auf sämtliche Länder verteilt, die an das Mittelmeer grenzen. Feigen werden hier von der Küste bis – im Libanon – in Höhen von 1.200 Metern angebaut. Unter den Mittelmeeranrainern steht allein die Türkei, der größte Produzent überhaupt, für fast 30 Prozent der weltweiten Feigenernte. Aus diesem Land stammen auch etwa ¾ der Feigen, die in Deutschland verkauft werden. Weitere besonders wichtige Produktionszentren am Mittelmeer sind Spanien, Italien südlich von Neapel, Griechenland, Syrien und Nordafrika.

Außerhalb des Mittelmeerraums sind die wichtigsten Erzeugerländer der Iran, der US-Bundesstaat Kalifornien und Brasilien. All diese Länder haben Anteil an den für den Feigenanbau besonders geeigneten Subtropen.

In den näher am Äquator liegenden **tropischen Gebieten**, die ganzjährig heiß und meist feucht sind, findet ein Anbau von Feigen nur an Standorten mit atypischen Bedingungen statt. Sie werden etwa in den verhältnismäßig trockenen Hochlandgebieten Sri Lankas kultiviert. Aber auch dort steht das Ausreifen der Früchte im Wettlauf mit dem einsetzenden Monsunregen. In Mittelamerika gibt es ziemlich große Plantagen an Berghängen von Honduras und in niedrigen Lagen auf der trockenen Pazifikseite von Costa Rica.

In den **gemäßigten Zonen** werden Feigen nur von Liebhabern kultiviert, das aber selbst im Freiland mit Erfolg. In den meisten Fällen reifen hier aber nur ein Mal im Jahr Früchte, und zwar Sommerfeigen. In Nordamerika findet man Feigen an der Pazifikküste zwischen Oregon und Britisch-Kolumbien und im Nordosten der USA, etwa in Pennsylvania. In unserem näheren Umfeld sind England und die dänische Ostseeinsel Bornholm bekannt dafür, dass hier Feigenbäume gedeihen. Mehr noch gilt das für die Vorderpfalz zwischen dem Höhenzug der Haardt und dem Rhein. Hier wachsen in den Weindörfern zwischen Bad Dürkheim und Bad Bergzabern in Vorgärten und Innenhöfen etwa 50.000 Bäume und Sträucher.

Judas Iskariot

Unter den Jüngern Jesu ist Judas Iskariot derjenige, der Jesus gegen 30 Silberlinge an die jüdische Tempelwache verraten und so seine Kreuzigung ermöglicht haben soll. Aus Scham darüber soll er sich später an einem Baum erhängt haben. Zwar lässt die Bibel die Art des Baumes offen. Doch wird in Überlieferungen aus frühchristlicher Zeit auch der Feigenbaum genannt.

BOTANIK

Botanische und gartenbauliche Einordnung der Feige

Der lateinische Name *ficus* für die Feige wurde namensgebend für die ganze Gattung Feigen (*Ficus*), die zur Familie der Maulbeergewächse (*Moraceae*) gehört. Die Gattung umfasst etwa 750 bis 1.000 Arten, die alle in den Tropen oder Subtropen heimisch sind. Einige wenige bilden Früchte, die als essbar gelten. Als Obst kultiviert werden vor allem Sorten der Echten Feige *(Ficus carica L.)*.

Die Entdeckung **fossiler Feigen** in Millionen Jahre alten Lagerstätten in Frankreich, Italien und Kalifornien zeugt vom uralten Ursprung der Art. Die damaligen Feigen waren von geringer Größe, ähnelten aber, auch in Bezug auf ihre Blätter, den heute angebauten sehr.

Vegetatives Wachstum und Entwicklung

In tropischen Ländern wie Brasilien kann ein Feigenbaum kontinuierlich wachsen und immergrün sein. Dasselbe gilt für heiße Wüstengebiete, wo die Wintertemperatur über 6 bis 10 °C liegt. Das war schon in der Antike bekannt: Der römische Gelehrte *Marcus Varro* berichtete im 1. Jahrhundert v. Chr., dass auf der ägyptischen Nilinsel Elephantine weder Feigenbäume noch Reben ihre Blätter abwerfen. Daran hat sich bis heute nichts geändert: In Israel, in der Gegend des Toten Meeres, wo die Wintertemperaturen zwischen 5 und 17 °C liegen, verliert die Sorte *Brown Turkey* niemals ihre Blätter und produziert von November bis Mai weiterhin Früchte. Die niedrigeren Wintertemperaturen zwischen Februar und Mitte März (5 bis 13 °C) verlangsamen die Fruchtreifung in dieser Zeit, während der Temperaturanstieg Ende März (auf 10 bis 22 °C) zu wieder stärkerem Wachstum und Fruchtreifung führt.

Im Allgemeinen, gerade auch nördlich der Alpen, ist die Feige indes sommergrün, wirft also gegen Ende der Vegetationsperiode im Spätherbst ihre Blätter ab. Dieser Prozess wird durch Umweltbedingungen, wie Temperaturen, die auf niedrige Werte fallen, eine abnehmende Tageslänge, Wind und Regen, herbeigeführt. Der Baum stellt daraufhin sein Wachstum ein, vorhandene Herbstfeigen reifen nicht weiter aus, die Feige verliert ihre Blätter, entwickelt eine typische Endknospe und geht in Vegetationsruhe über.

Im Frühling wird das Wachstum wieder aufgenommen, allerdings erst, nachdem die Durchschnittstemperatur an einigen aufeinanderfolgenden Tagen kontinuierlich etwa 10 °C überstiegen hat. Das ist am Niederrhein meist in der zweiten Aprilhälfte der Fall. Die Feigenbäume treiben dann neue Blätter. Im Detail passiert dabei Folgendes: Zunächst entfalten sich die Endknospen, von denen jede im Allgemeinen vier oder fünf ursprüngliche Blätter enthält. Im Zuge des weiteren Wachstums dehnt sich das an den Sprossspitzen befindliche Bildungsgewebe, das Meristem, aus und bildet dabei seitliche Auswüchse – die Meristeme von Knospenschuppen, weiteren Blättern, Blütenständen und vegetativen Seitenknospen. Zur Basis einer jeden Seitenknospe hin sind eine vegetative und – sortenabhängig – ein oder zwei Organanlagen für Blütenstände vorhanden. Die vegetativen Organanlagen machen damit weiter, während des Wachstums der Pflanze Knospen und Blätter zu initiieren. Bis die Temperatur im Herbst sinkt, bilden die Feigenbäume fortlaufend neue Blätter.

Fruchtbildung

BLÜTEN UND FRUCHTSTAND

Feigen sind dekorative Pflanzen – allerdings nur wegen ihrer Blätter. Wer auf attraktive Blüten hofft, wird enttäuscht. Es ist schwer, an einem Feigenbaum überhaupt eine Blüte zu entdecken. Wenn Ihnen das zu Anfang auch so ergehen sollte, ist das kein Grund sich zu grämen. Sie befinden sich in bester Gesellschaft. In der Antike betrachtete der griechische Philosoph und Naturforscher Aristoteles die Feige als blütenlose Pflanze, genau wie der Gelehrte *Albertus Magnus* im 13. Jahrhundert. Auch der Name, den die Chinesen der Feige gegeben haben, bedeutet „eine Frucht ohne Blüte“.

Blätter und Frucht

Feigenfrüchte sind dagegen leicht zu erkennen, und zwar lange bevor sie erntereif sind. Sie sind in den Achseln der Blätter (wo das Blatt den Stamm trifft) zu finden. Meist wird an jedem Blatt eine einzelne Frucht gebildet, gelegentlich sind es zwei. Sie sind birnenförmig und haben in der letzten Phase einen Durchmesser von 3 bis 5 Zentimetern.

Scheinbar entwickeln sich diese Früchte der Feige ohne vorherige Blüten. Aber: Die vermeintlichen Fruchtansätze sind eigentlich nur Scheinfrüchte, bei denen es sich in Wirklichkeit um den Blütenstand selbst handelt, der dadurch entstanden ist, dass die Blütenstandsachse krugförmig nach oben gewachsen ist und so einen nach außen abgeschlossenen Hohlraum bildet. Die sehr kleinen Einzelblüten – mehrere hundert an der Zahl – sind dadurch nach innen verlagert. Von außen nicht sichtbar sind sie **an der Innenseite** der grünen Haut zum Blütenstand vereint.

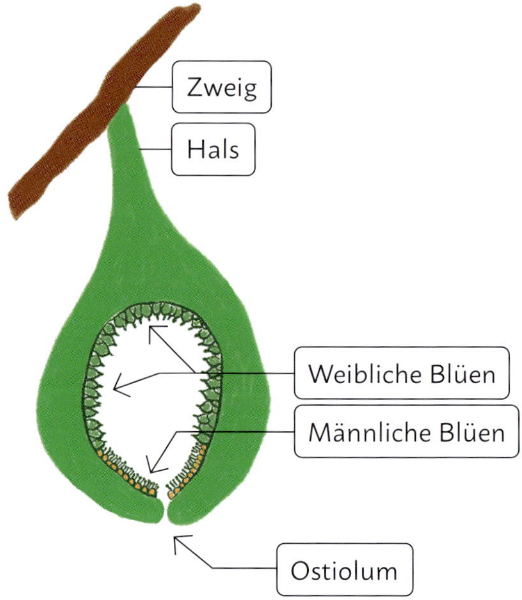

Von außen nach innen gekehrter Blütenstand: Eine hohle, fleischige Struktur, die innen mit Hunderten von winzigen Blüten ausgekleidet ist.

Die sich aus dem Blütenstand entwickelnde Frucht ist also eigentlich ein Fruchtstand (botanisch *Syconium genannt*), d. h. eine Sammelfrucht, die wie eine Himbeere aus vielen kleinen Steinfrüchten – meist über tausend, jeweils kaum 0,5 Gramm schwer –, den wahren Früchten, besteht. Von uns gegessen werden die aus den weiblichen Blüten entstandenen Steinfrüchte sowie der während der Fruchtreife angeschwollene Blütenstandsboden, also das saftige, fleischige Achsengewebe, das die Steinfrüchte umschließt.

KOEVOLUTION MIT DER FEIGENWESPE

Im Zuge der Verlagerung der Blüten in einen fast geschlossenen Innenraum ist eine Bestäubung durch den Wind, wie sie für verwandte Arten aus derselben Pflanzenfamilie mit ursprünglicheren, einfacher geformten Blütenständen typisch ist – das gilt etwa für die Maulbeere, bei der männliche und weibliche Blüten auf der Außenseite einer konvexen Blütenstandsachse angeordnet sind – unmöglich geworden. Feigen sind daher – parallel zur Entwicklung des krugförmigen Fruchtstandes – zu einer Bestäubung durch Insekten übergegangen. In Koevolution haben sie eine komplexe Symbiose mit einem ganz bestimmten Insekt, der **Feigenwespe *(Blasto-***

phaga psenes), entwickelt. Im Austausch für die Bestäubung bietet der Feigenbaum den Insekten im Fruchtstand Unterschlupf und Nahrung für die Larvenentwicklung. Damit die nur zwei bis drei Millimeter große Feigenwespe die Blüten im Inneren des nach außen abgeschlossenen Blütenstandes erreichen kann, bleibt an seiner Spitze eine enge Öffnung, das sog. Ostiolum (lateinisch = „kleine Tür"), frei, die durch schuppenartige kleine Blätter locker verschlossen wird. Die winzigen Insekten, welche die Feigenfrucht wahlweise aufsuchen oder verlassen, waren schon dem griechischen Naturforscher *Theophrast* im 3. Jahrhundert v. Chr. aufgefallen.

Das Auge ist der Teil des Ostiolums, der an der Außenhaut der Frucht sichtbar ist. Die Pflanze – eine mir unbekannte dunkle Sorte – habe ich aus einem aus Mallorca mitgebrachten Steckling gezogen.

Die komplexe Beziehung, die heute zwischen beiden Arten existiert und die für das natürliche Überleben beider unabdingbar ist, ist schon lange vor der Domestikation des Feigenbaums durch den Menschen entstanden. Das zeigt das 34 Millionen Jahre alte Fossil einer Feigenwespe, das in Kalkgestein auf der Isle of Wight in England gefunden wurde. Das Fossil ist von modernen Feigenwespen kaum zu unterscheiden. Schon die Urzeitwespe war nicht nur zur passiven Bestäubung fähig, sondern konnte dies auch aktiv tun. Wie die heutigen Feigenwespen besaß sie – insoweit einer Honigbiene ähnlich – körpereigene Pollentaschen, in denen sie Feigenpollen sammeln und von einer Pflanze zur nächsten transportieren konnte, wo sie dann auf den Narben der dortigen Blüten verteilt wurden.

Bei den meisten Arten der Gattung Ficus sind männliche und weibliche Blüten auf einem Blütenstand angeordnet. Anfänglich dürfte das auch bei der Echten Feige so gewesen sein. Die **Bocksfeige (auch Ziegen-, Holz- oder Caprifeige, *Ficus carica var. caprificus*)**, die ursprünglichste heute noch bestehende Variante der Echten Feige, zeugt davon. Sie besitzt männliche und – kurzgriffelige – weibliche Blüten an einem Blütenstand.

Zwar sind ihre weiblichen Blüten nur eingeschränkt fortpflanzungsfähig. Die Feigenwespen bestäuben nämlich die kurzgriffeligen weiblichen Blüten nicht nur, sondern nutzen sie auch zur Eiablage. Die schlüpfenden Larven verzehren dann das entstehende Samengewebe. Gelegentlich und in geringer Zahl – nämlich dann, wenn einzelne Blüten von der Eiablage verschont geblieben sind, – entstehen aus der Befruchtung der weiblichen Bocksfeigenblüten dennoch fertile Samen – ein Hinweis auf die ursprüngliche Fortpflanzungsweise der Echten Feige. Leider sind die Früchte der Bocksfeige, von wenigen Ausnahmen abgesehen, hohl und ledrig. Sie schmecken bitter und sind vor allem voller Wespen. Für den Menschen sind sie ungenießbar.

Grundsätzlich ist aber die Echte Feige seit Langem zu einer komplexeren Bestäubungsökologie übergegangen, bei der männliche und weibliche Blüten funktional getrennt auf zwei verschiedenen Grundtypen angeordnet sind. Die **Bocksfeige** als funktional männliche Pflanze dient weiterhin der Fortpflanzung der Feigenwespen und als deren Winterquartier. Darüber hinaus sind ihre männlichen Blüten Spender von Pollen, mit denen die Feigenwespen beim Verlassen der Fruchtstände der Bocksfeige – aktiv oder passiv – in Kontakt kommen und die sie dann – auf der Suche nach weiblichen Blüten, in die sie ihre Eier ablegen wollen – auf Pflanzen eines inzwischen entwickelten separaten Grundtyps übertragen. Diese zweite, rein weibliche Varietät der Echten Feige ist die **Frucht-, Ess- oder Hausfeige** *(Ficus carica var. domestica)***.** Sie unterscheidet sich mutationsbedingt von der Bocksfeige in zwei Merkmalen: Zum einen sind bei ihr alle Staubblätter unterdrückt. Zum anderen sind an die Stelle der nur eingeschränkt fertilen kurzgriffeligen weiblichen Blüten langgriffelige weibliche Blüten getreten, die für die Eiablage der Wespen ungeeignet sind. Ihr Griffel ist nämlich länger als der Legestachel der Wespen. Aus der Blütenachse dieser

Blüten können sich deshalb ungestört fleischige, genießbare Scheinfrüchte mit vielen fertilen Samen bilden, deren süße Fruchtstände wir essen.

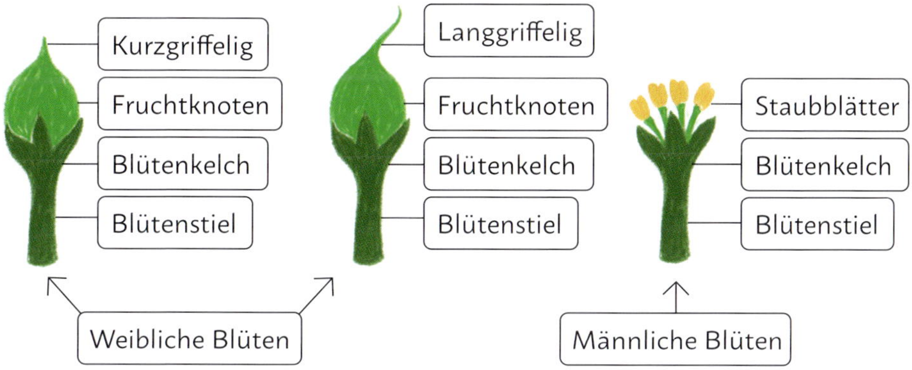

Blütentypen bei der Echten Feige Ficus carica
***Bocksfeige**: Kurzgriffelige weibliche Blüten und zusätzlich männliche Blüten*
***Fruchtfeige**: Ausschließlich weibliche Blüten des langgriffeligen Typs*

Wenn die Blüten der Fruchtfeigen für die Eiablage der Wespen ungeeignet sind, stellt sich allerdings die Frage, warum die Fruchtfeigen überhaupt von den Wespen aufgesucht werden. Für sie ist dort nichts zu holen. Vom Besuch der Wespen profitiert allein die Fruchtfeige, wird sie doch von der Wespe bestäubt. Das Zauberwort, das unsere Frage beantwortet, ist Mimikry: Der Fruchtstand der Fruchtfeige ist dem der Bocksfeige so ähnlich, dass die Wespe in die Irre geführt wird und der Fruchtfeige unwillentlich den Gefallen tut, sie zu bestäuben.

In anderer Hinsicht ist allerdings die Feige der Wespe sehr weit entgegengekommen. Dass sie in jedem Jahr gleich mehrere Generationen an Früchten ausbildet – im Mittelmeerraum meist drei – ist dem Umstand geschuldet, dass die Feigenwespe, wie fast alle Insekten ihrer Größe, sehr kurzlebig ist. Jede Fruchtgeneration entspricht einer Wespengeneration. Dass die Feige mehrmals im Jahr Früchte trägt, hilft also der Wespe, über das komplette Jahr zu kommen. Für die Feige selbst waren die verschiedenen Generationen von Früchten ursprünglich ohne Bedeutung. Das zeigt sich daran, dass bei der Wildform der Fruchtfeige nur eine Generation an

Früchten – die am diesjährigen Holz angelegten – ausreift und Samen bildet. Durch Auslese atypischer Formen hat es erst der Mensch geschafft, die Feige dazu anzuhalten, neben den Herbstfeigen auch noch essbare Sommerfrüchte zu erzeugen. Noch heute stellen aber die Herbstfeigen bei den meisten Sorten die Haupternte dar. Langer Rede kurzer Sinn: Wir haben es dem Lebenszyklus eines Insekts zu verdanken, wenn wir mehrmals im Jahr auf frische Feigen zugreifen können.

JUNGFERNFRÜCHTIGKEIT

Wäre die dargelegte Symbiose mit der Feigenwespe die einzige Möglichkeit der Fruchtfeige, einen genießbaren Fruchtstand zu entwickeln, wäre ein Feigenanbau bei uns unmöglich. Denn Feigenwespen sind zwar in Südeuropa heimisch, kommen aber nördlich der Alpen und einer gedachten Linie Bordeaux–Lyon nicht vor. Glücklicherweise ist uns eine weitere Mutation zu Hilfe gekommen. Feigen neigen mehr als andere Pflanzen dazu, Formen entstehen zu lassen, die unbefruchtete Fruchtstände nicht vor der Reife abwerfen, sondern essbare Scheinfrüchte auch ohne Befruchtung ausbilden. Man spricht dann von parthenokarpen, also jungfernfrüchtigen Feigen. Da keine echten Früchte gebildet werden – es fehlt ja an fertilen Samen –, bevorzugen es einige Botaniker, von persistenten Formen zu sprechen.

Parthenokarpie bedeutet allerdings nur, dass (Schein-)Früchte ohne Bestäubung gebildet werden **können**. Sie ist also nur fakultativ. Parthenokarpe Feigen können wie Feigen, die auf eine Bestäubung angewiesen sind, befruchtet werden und dann Früchte mit fertilen Samen ausbilden. Im Prinzip können sie an ein und demselben Trieb gleichzeitig befruchtete und jungfernfrüchtige Fruchtstände ausbilden.

Dass eine Pflanze ohne Bestäubung Früchte ausbildet, denen fertile Samen fehlen, ist zunächst einmal ungewöhnlich. Früchte sind im Zuge der Evolution ja gerade entstanden, um für die Verbreitung von Samen zu sorgen, mit denen sich die Pflanze fortpflanzen will. In diesem Sinne sind jungfernfrüchtige Früchte ein Stück weit unnatürlich. Wenn man auf vom Menschen ausgelesene Kulturpflanzen schaut, sind Früchte ohne fertile

Samen aber gar nicht so besonders. Bananen, Ananas und die meisten Zitrusfrüchte besitzen auch keine fertilen Samen (die aus menschlicher Sicht nur stören würden). Lassen Sie uns noch einen Schritt weitergehen und auf Ihren Frühstückstisch schauen. Das Frühstücksei, das wir mit Genuss verspeisen, ist mit an Sicherheit grenzender Wahrscheinlichkeit ebenfalls ohne Befruchtung entstanden. Die Henne, die es gelegt hat, ist wahrscheinlich nie mit einem Hahn, der ihre Eier hätte befruchten können, in Kontakt gekommen. Als aus Verbrauchersicht vollwertiges Produkt geht das unbefruchtete Ei dennoch durch.

Bei den Feigen ist es nicht anders. Ohne Bestäubung entstandene Früchte sind denen mit fertilen Samen nahezu gleichwertig. Es gibt zwar kleine Unterschiede, die aber für den Verzehr von geringer Bedeutung sind.

- *Nach vorheriger Bestäubung gebildete Früchte sind oft etwas größer.*
- *Bei einigen Sorten haben Früchte mit fertilen Samen eine gerippte Außenhaut, die bei unbestäubt entstandenen Früchten derselben Sorte glatt ist.*
- *Oft sind Haut und Fruchtfleisch von Früchten mit fertilen Samen intensiver gefärbt und deshalb dunkler.*
- *Das Fruchtfleisch von Früchten, die nach Bestäubung entstanden sind, ist mitunter noch etwas saftiger.*
- *Die Haut solcher Früchte soll bei Vollreife verstärkt dazu neigen, Risse zu bilden.*
- *Früchte mit fertilen Samen sollen länger lagerfähig sein, was an einem höheren löslichen Feststoffgehalt und einer größeren Festigkeit liegen mag.*
- *Die samenlosen, also leeren, Kerne im Inneren unbefruchteter Fruchtstände sind aufgrund der harten inneren Fruchtschicht (Endokarp) immer noch knusprig, allerdings nur etwa halb so schwer wie fertile Samen befruchteter Fruchtstände.*

Reife Scheinfrucht (Längsschnitt)

Noch am ehesten fällt ins Gewicht, dass der Geschmack befruchteter Feigen mitunter reicher und süßer ist. Man muss allerdings schon sehr sensible Geschmacksknospen besitzen, um ein Defizit der unbefruchteten Feigen zu erspüren. Mit Feigen aus dem Supermarkt, die aus Gründen der Haltbarkeit fast ausnahmslos vor der Vollreife geerntet wurden, kann eine unbefruchtete Feige aus dem eigenen Garten immer mithalten, selbst wenn die Konkurrenz aus dem Supermarkt ihr die Bestäubung voraushaben sollte.

Normalerweise verschwindet eine punktuelle Mutation, die nur darin besteht, Früchte mit nicht fertilen Samen zu bilden, schnell wieder, weil die betreffende Pflanze auf die unter natürlichen Bedingungen nur ausnahmsweise erfolgreiche rein vegetative Vermehrung angewiesen ist. Im Wettbewerb mit Formen, die sich zusätzlich über fertile Samen, effektiv verbreitet von Vögeln und Säugetieren, vermehren, vermögen sie sich nicht durchzusetzen und zu halten. Anders ist es aber, wenn der Mensch ihre vegetative Vermehrung kräftig unterstützt und für den Erhalt, gar die Ausbreitung der mutierten Pflanzen sorgt.

Formen der Fruchtfeige, die ohne Bestäubung durch die Feigenwespe fleischige, essbare geschmackvolle Fruchtstände ausbilden, sind für den Menschen von Vorteil, weil er nicht länger auf die Mitwirkung eines nicht immer verfügbaren Dritten, der Feigenwespe, angewiesen ist. Auch wird der Anbau von Bocksfeigen als Pollenspender entbehrlich, so dass sich der Feigengärtner ganz auf die weiblichen Fruchtfeigen konzentrieren kann. Es überrascht daher nicht, dass die ohne Bestäubung auskommenden persistenten Pflanzen von Feigengärtnern bevorzugt worden sind und mit der Zeit immer mehr an Bedeutung gewonnen haben. Zwar ist die auf Insektenbestäubung angewiesene Form der Fruchtfeige, der **Smyrna-Typ** *(Ficus carica smirniaca)*, nicht verschwunden. In warmen Ländern wie der Türkei ist er noch immer von großer wirtschaftlicher Bedeutung. An seine Seite sind aber persistente Sorten getreten, die in den meisten Ländern bevorzugt angebaut werden. Für gemäßigte Klimata (Mitteleuropa, England und den Pazifischen Nordwesten Nordamerikas) sind sie die allein geeigneten Sorten. Feigen des Smyrna-Typs und Bocksfeigen können hier keine ausreifenden, genießbaren Fruchtstände bilden. Diese Gruppe von Feigen entwickelt nur nach der Bestäubung durch Feigenwespen und in Verbindung mit den männlichen Bocksfeigen essbare Früchte. Ohne Bestäubung und eine dadurch ausgelöste Entwicklung der Samenanlagen werden die Früchte nach einiger Zeit gelb, beginnen zu schrumpfen und fallen zu Boden, ohne zu reifen.

Die Persistenz von Fruchtfeigen, also die Fähigkeit, Fruchtstände auch ohne Bestäubung auszubilden, ist, selbst wenn eine entsprechende Veranlagung grundsätzlich besteht, nicht bei allen Sorten gleichermaßen ausgeprägt. Teils sind die entsprechenden Sorten vollständig persistent, teils nur unvollständig. Zwischen zwei Grundformen ist zu unterscheiden: Der **Adriatische Typ** *(Ficus carica hortensis)* kann grundsätzlich **sowohl** Sommer- **als auch** Herbstfeigen ohne Bestäubung ausbilden. Allerdings tragen einige zu diesem Typ gehörende Sorten nur ausnahmsweise Sommerfrüchte, in der Regel aber nur Herbstfeigen. Die andere Grundform, der **San-Pedro-Typ** *(Ficus carica intermedia)* bildet grundsätzlich nur Sommerfrüchte. Die Herbstfeigen fallen bei fehlender Bestäubung vorzeitig ab.

Da Herbstfeigen im Allgemeinen die Hauptmenge der Ernte ausmachen, ist der San-Pedro-Typ kaum verbreitet und kommerziell wenig bedeutend. Für gemäßigte Klimata ist er aber – wie im Kapitel Sorten und Auswahl gezeigt wird – wegen der starken Produktion von Sommerfrüchten besonders interessant.

In der umfangreichsten Sortenbeschreibung, die es bis heute gibt, hat der Amerikaner Ira Condit im Jahre 1955 89 Sorten der nicht genießbaren, männlichen Bocksfeigen aufgelistet. Dem standen aufgrund der seit Jahrtausenden betriebenen Selektion auf essbare Feigen 631 Sorten an Fruchtfeigen gegenüber. Unter diesen essbaren Feigensorten wurden 129 Smyrna-, 21 San-Pedro- und 481 vorrangig angebaute selbstfruchtende Feigen identifiziert. An diesem Verhältnis dürfte sich bis heute wenig verändert haben.

Die dargelegte Einteilung suggeriert, dass jede Sorte einer Grundform zugeordnet werden kann und damit zweifelsfrei feststeht, ob sie zur Bildung von Sommerfrüchten oder Herbstfeigen der Bestäubung bedarf. Tatsächlich liegen die Dinge nicht ganz so einfach. Die Einteilung ist nur eine Annäherung an die tatsächlichen Verhältnisse. Im Einzelfall kann sich eine Sorte anders verhalten, als es nach ihrer im Allgemeinen durchaus zutreffenden Zuordnung zu einer Gruppe zu erwarten wäre. So gibt es Sorten, die, obwohl grundsätzlich dem Smyrna-Typ zugehörig, gelegentlich Früchte ohne Bestäubung ausbilden. Im Gegenzug gibt es innerhalb des Adriatischen Typs Sorten, die einen großen Teil ihrer Früchte, mitunter mehr als 90 Prozent, abwerfen, wenn sie nicht bestäubt werden. Offensichtlich ist die Veranlagung zur Parthenokarpie etwas unbeständig oder in einigen Sorten unvollständig fixiert. Es gibt Hinweise darauf, dass auch das Klima Einfluss auf die Notwendigkeit einer Bestäubung hat. Das würde auch erklären, weshalb eigentlich parthenokarpe Sorten – besonders *Madeleine de Deux Saisons* – bei widrigen Witterungsverhältnissen viele, manchmal gar alle Sommerfrüchte vorzeitig abwerfen.

Die verbleibende Unsicherheit in Bezug auf die Parthenokarpie ist etwas ärgerlich. Entscheidend für den Anbau der Feige in Nordeuropa bleibt aber die grundsätzliche Fähigkeit, ohne Bestäubung Früchte auszubilden. Bei der Auswahl der anbauwürdigen Sorten ist zusätzlich zu berücksichtigen, wie zuverlässig das unter den bei uns üblichen Klimabedingungen geschieht.

FRUCHTWACHSTUM UND -ENTWICKLUNG

Wenn sich im Frühling die Endknospe entfaltet und das Wachstum einsetzt, befinden sich die Feigenfrüchte an den Sprossknoten in den Achseln der Blätter. Zwei Blütenstände und eine vegetative Knospe sind nebeneinander in den Blattachseln vorhanden. In Sorten wie *Brown Turkey* entwickelt sich normalerweise nur ein Blütenstand zu einem Sykonium, während bei der Sorte *Dottato* häufig beide Blütenstände aufkommen.

Die Entwicklung des Feigensykoniums hat drei definierte Wachstumsperioden, dargestellt durch eine doppelt-s-förmige Kurve. Zwei Perioden schnellen Wachstums (Stadium I und III) sind durch eine Ruheperiode (Stadium II) voneinander getrennt.

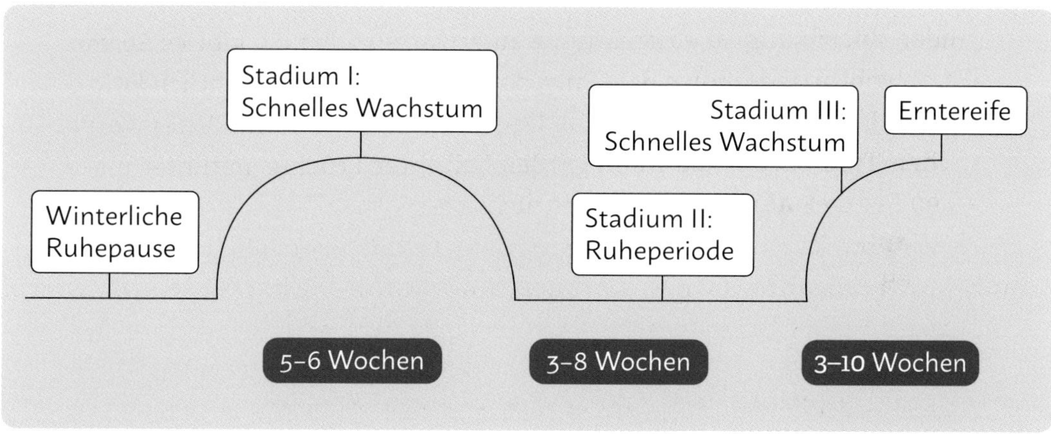

Wachstumskurve

Dieses Wachstumsmuster wird durch den gasförmigen Botenstoff Ethylen (chemisch Ethen) gesteuert und koordiniert, der seinerseits infolge reifestimulierender Faktoren wie der Außentemperaturen gebildet wird. Die Bereitschaft, Ethylen zu synthetisieren, und die Fruchtreaktion auf Ethylen ändern sich, während die Feigenfrucht die verschiedenen Wachstumsphasen durchläuft:

Im Stadium I, dem Stadium der Zellteilung, stimuliert Ethylen das Feigenwachstum. Diese Phase ist durch einen sehr schnellen Durchmesseranstieg und eine sich langsamer erhöhende Frisch- und Trockengewichtsrate gekennzeichnet. Die Zuckeransammlung ändert sich fast gar nicht.

Die zweite Phase – **Stadium II** – ist eine Ruhephase, die durch eine nahezu ausbleibende Veränderung des Fruchtdurchmessers, des Trocken- und Frischgewichts und des Zuckergehalts gekennzeichnet ist. Im frühen Stadium II hemmt Ethylen das Wachstum, während es im späten Stadium II sowohl das Wachstum als auch die Reifung stimuliert und so das Stadium III einleitet.

Im späten Stadium der Feigenentwicklungsphase II haben sowohl grüne als auch dunkle Sorten häufig ein tiefgrünes Aussehen, das bei Letzteren in einigen Fällen einen leichten Kupfer- oder Violettfarbton auf der Oberfläche beinhaltet.

Im Stadium III stimuliert Ethylen weiter das Wachstum und die Reifung. Dabei kommt es zu einer lawinenartigen Steigerung der verfügbaren Ethylenmenge, und zwar dadurch, dass die Synthese von Ethylen durch die Präsenz desselben autokatalytisierend aktiviert wird. Es wird also durch das Vorhandensein von Ethylen die eigene zellinterne Ethylensynthese angeregt und so weiteres Ethylen gebildet. Anschließend wird das Gas von den Zellen abgegeben, so dass es stimulierend auch auf andere Teile derselben Frucht – die so gleichzeitig reifen – sowie andere Früchte wirkt und sie ebenfalls zur Reife führt. Parallel zur Zunahme der Ethylenmenge steigt die Atmung, also die Sauerstoff-Aufnahme und die Kohlenstoffdioxid-Abgabe, um das Zwei- bis Dreifache auf den Höchstwert. Bei der Atmung wird aus Kohlenstoffdioxid (CO_2) und Wasser mithilfe von Lichtenergie Zucker assimiliert und akkumuliert. Organische Substanzen aus der Photosynthese, konkret ^{13}C-Kohlenstoffisotope, werden aus benachbarten Blättern in die Frucht verlagert. Als Folge davon ist Stadium III – parallel zum Anstieg der Ethylenproduktion oder ihr etwas nachfolgend – gekennzeichnet durch eine beschleunigte Zunahme der Fruchtgröße, des Frisch- und Trockengewichts sowie des Wasser- und Zuckergehalts. Während dieser Wachstumsphase sammeln sich über 70 Prozent des gesamten Trockengewichts und 90 Prozent des Gesamtzuckergehalts in den Früchten an. Dramatische Pigmentveränderungen treten während dieser Zeit bei vielen dunklen Sorten auf, da der Chlorophyllgehalt in der Fruchtschale rasch abnimmt und die Fruchthaut von grün zu bläulichschwarz/dunkelviolett wechselt. Die Früchte heller Sorten können sich gelb-grün verfärben. Darüber hinaus wird das Gewebe während der letzten Phase der Feigenfruchtentwicklung weich.

Bei den meisten Sorten dauert die erste Wachstumsperiode fünf bis sechs Wochen. In der zweiten, ruhigen Entwicklungsphase gibt es große Unterschiede zwischen den Feigensorten. Bei einigen Sorten nimmt die zweite Phase nur drei bis vier Wochen in Anspruch, bei anderen aber sechs bis acht Wochen. In Phase III ist die Entwicklung von Feigen sehr schnell. Die Früchte wachsen rasch und erreichen ihre endgültige Größe und Vollreife innerhalb von drei bis zehn Tagen.

Da die Blütenknospen beginnen, sich zu entwickeln, während entlang des Zweigs assoziierte Blätter entstehen, reifen die Früchte nacheinander, beginnend mit der Basalfrucht und fortschreitend in Richtung der Verzweigungsspitze. Die Ernte kann so längere Zeit andauern.

Demeter und Phytalus

Nach einer Legende aus Athen war es die Göttin Demeter, die den Menschen die Feige brachte. Dies tat sie als Belohnung für König Phytalus, der sie in sein Haus aufgenommen hatte. Der auf Demeter zurückgehende Feigenbaum soll am Weg von Athen nach Eleusis gestanden haben. Die Lokalität, heute ein Vorort von Athen, wurde „Heiliger Feigenbaum" genannt.

Der Historiker Pausanias, der im 2. Jahrhundert n. Chr. durch Griechenland reiste, hielt folgende Inschrift auf dem Grab des Phytalus fest:

„Hier empfing einst der königliche Held Phytalus die erhabene Demeter, als sie die herbstliche Frucht zum ersten Mal enthüllte, welches das Volk der Sterblichen die heilige Feige nennt."

Fruchtfolge: Sommer- und Herbsternte

Die Feige ist ein ungewöhnlicher Baum: Unter subtropischen oder tropischen Klimabedingungen oder bei Sonderkultur in einem Gewächshaus kann er drei Mal im Jahr oder noch häufiger Früchte produzieren. Nördlich der Alpen können Fruchtfeigen im Freiland, abhängig von der Sorte, immer noch zwei Mal jährlich Früchte tragen. Feigen sind auch einzigartig darin, dass sie sowohl an neuem als auch altem Holz fruchten.

SOMMERFRÜCHTE

Sommerfrüchte, auch Blütenfeigen genannt, reifen an den Trieben aus dem Vorjahr. Für sie hat sich auch die aus dem Spanischen übernommene Bezeichnung *Brebas* etabliert.

Im Spätsommer oder Herbst werden in den Blattachseln der obersten 30 Zentimeter des diesjährigen Triebes Fruchtstände für das kommende Jahr angelegt – parallel zu den vegetativen Knospen. Die Anzahl und Größe der Fruchtknospen hängen eng mit dem vegetativen Wachstum des Baumes und der Menge der im Sommer und Herbst reifenden Ernte zusammen. Generell wird eine üppige Herbstproduktion die Anzahl der ruhenden Knospen und damit die Ernte von Sommerfrüchten im nächsten Jahr reduzieren.

Frischer Austrieb

Kurz nach der Initiation treten die Fruchtknospen in die Winterruhe ein. Als Feigensyconia im Stadium I bilden sie Schuppen, welche die sich entwickelnden Früchte vor niedrigen Wintertemperaturen im Freiland (Weinbauklima) oder im kalten Wintergarten schützen. Sie bleiben im Ruhezustand und verweilen während des Winters als ruhende Fruchtknospen. Embryonale Feigen können die meisten kalten Winter überleben. Schlafende Fruchtknospen, obwohl selbst nur als winzige Schwellungen sichtbar, unterscheiden sich von den vegetativen Knospen durch ihre etwas größere Größe und ihr rundes Aussehen. Im nächsten Frühling, ab etwa April, treiben sie mit den Blättern, manchmal etwas im Voraus, aus und beginnen zu wachsen.

Das Wachstum hält fünf bis sechs Wochen an. In dieser Phase kann es – auch weil die Sommerfrüchte mit dem Triebwachstum um die verfügbaren Kohlenhydrate konkurrieren – dazu kommen, dass die Fruchtstände abgeworfen werden. Nach dem Ende des Monats Mai ist das nicht mehr zu erwarten.

Auf die erste Wachstumsphase folgen eine lange Ruhephase von zwei Monaten und eine schnelle Reifungsphase von maximal zwei Wochen. Etwa zwei Wochen vor der Reife der Sommerfrucht nehmen Wachstumsrate und Zuckerakkumulation signifikant zu. Je nach Temperatur und Sorte reifen Sommerfrüchte in der Zeit zwischen Mitte Juli und Mitte September. In der Pfalz beginnt die Feigensaison Mitte Juli mit dem Reifwerden von Sommerfrüchten.

Je nach Sorte und Jahr machen Sommerfrüchte 10 bis 50 Prozent, durchschnittlich 20 bis 25 Prozent, der Ernte aus. Sommerfrüchte sind tendenziell weniger zahlreich, aber die einzelnen Früchte neigen dazu, größer auszufallen als bei der Herbsternte. Oft sind sie auch anders geformt oder gefärbt.

Einige Sorten wie Brown Turkey und Desert King sind für ihre Sommerfrüchte bekannt, während diese bei anderen Sorten nicht zur Reife gelangen.

HERBSTFEIGEN

Ein zweiter Satz Früchte – bei den meisten Sorten die Haupternte – sollte zwischen Ende August und Anfang November aus den Fruchtständen (auch Fruchtembryos genannt) an den (neuen) Trieben des gleichen Jahres entstehen. Allerdings reifen diese Herbstfeigen – außerhalb des mediterranen Klimas – nicht in allen Regionen Deutschlands und auch nicht in jedem Jahr (vollständig) aus, vor allem dann nicht, wenn sie zunächst mit einer größeren Zahl an Sommerfrüchten um die verfügbaren Kohlenhydrate konkurrieren mussten. Grundsätzlich benötigen sie einen langen Sommer, um erfolgreich zu sein. Eine frühe Sorte, wenig Regen und Wind und viele Sonnenstunden können aber auch bei uns, und selbst im Freiland, noch einmal eine reiche Ernte bescheren. Späte Herbstfeigen kommen in unseren Breiten allenfalls in besonders warmen Jahren zur Reife.

In Mitteleuropa kann man eine Herbstfeigenernte als früh einschätzen, wenn bis Anfang September die ersten Feigen ausreifen. Für Norddeutschland sollte man allerdings noch mindestens eine gute Woche, eher zehn Tage, dazurechnen.

Während der Winterruhe werden die meisten im Herbst nicht ausgereiften Feigensyconia im Stadium II abfallen; unreife, aber beinahe entwickelte Feigen können die meisten kalten Winter nicht überleben. Selbst wenn sie als kleine Früchte überwintern, bilden sie unter mitteleuropäischen Klimabedingungen im nächsten Frühjahr keine reifen Früchte.

Hier erkennt man die großen Sommerfrüchte, die auf dem alten Holz des Vorjahres wachsen, und die (noch) kleineren Herbstfeigen, die an den neuen Trieben wachsen. Syconia der Herbsternte wachsen gewöhnlich einzeln; nur bei einigen Sorten treten sie paarweise auf, eines auf jeder Seite der vegetativen Knospe.

Die Fruchtreifung kann bis zum ersten Frost beziehungsweise bis zum Temperaturabfall zwischen Oktober und Anfang November anhalten. Allerdings gilt: Je kälter es wird und je weniger Sonne und Wärme die Herbstfeigen erhalten, desto weniger Aroma und Süße haben sie.

In Gebieten mit Nachttemperaturen über 12 °C, wie dem Imperial Valley in Kalifornien und dem Küstengebiet in Israel, produzieren Feigenbäume im November und Dezember Früchte und die Reifung der Früchte dauert bis zum Laubfall an.

Herbstfrüchte werden von fast allen Feigenpflanzen gebildet, auch wenn sie nicht bei allen Sorten (vollständig) ausreifen. Feigen des San-Pedro-Typs werfen ihre Herbstfeigen bei fehlender Bestäubung ab.

Thargelia-Ritus

Im antiken Griechenland gab es im ionisch-attischen Raum eine Fruchtbarkeitszeremonie, die Thargelien genannt wurde. Sie fand alljährlich im Frühling – dem 6. bis 7. Thargelion – statt. Dabei wurden geweihte Getreideerstlinge in einem Topf gekocht.

Zu den Feierlichkeiten gehörte auch ein Sündenbock-Ritus, mit dem das Böse ausgetrieben und die Stadt rituell gereinigt werden sollte. Dafür wurden ein oder zwei Personen, sogenannte Pharmakoi, zum Opfer erwählt. Sie wurden aufwendig gekleidet und bekamen Ketten aus Feigen um ihren Hals gehängt. Dabei dienten dunkle Feigen als Symbol für Männer und helle Feigen als Symbol für Frauen. Wohl als Abschiedsmahlzeit gab man den Pharmakoi Feigen, Brot und Käse in die Hand. Anfänglich sollen die Pharmakoi vor der Stadt gesteinigt oder von einem Felsen ins Meer gestürzt worden sein. Später beließ man es dabei, ihnen mit Feigenruten und Meerzwiebeln sieben Mal auf die Genitalien zu schlagen und sie dann symbolisch aus der Stadt zu führen.

Vegetative Merkmale des Feigenbaums

WUCHS UND GRÖSSE

Die Feige wächst als Strauch oder kleiner Baum. Ihre Endgröße ist abhängig von der Sorte, vom Klima und vom Umfang der Schnittmaßnahmen. Im mediterranen Klima erreichen einzelne Bäume in einer günstigen Umgebung oft beachtliche Ausmaße. Sie können bis zu 15 Meter hoch werden und eine Breite von 8 bis 12 Metern erreichen. Ein Baum in Roscoff, Frankreich, der Berichten zufolge um 1621 gepflanzt wurde, hatte 1889 einen Stamm von 75 Zentimeter Durchmesser und eine Kronenbreite von 23 Metern; 35 Steinsäulen stützten die Äste. Besonders große Bäume wachsen auch in Arizona und Kalifornien. Ein Baum bei Knight's Ferry in Kalifornien hatte 1921 einen Stammumfang von über 4,20 Metern.

In mediterranen Obstgärten werden die Bäume in einer moderaten Größe gehalten, um sie besser abernten zu können. Man pflanzt sie dazu so dicht, dass sie miteinander um Raum für Wurzeln und Zweige konkurrieren, und beschneidet sie zudem regelmäßig. Die Höhe beträgt dann meist nur drei bis vier Meter.

In unseren Breiten wachsen Feigen wegen der suboptimalen Temperaturen und der kürzeren Vegetationsperiode generell schwächer. Auch wirkt hier gelegentlich ein kalter Winter „regulierend“ auf die Größe. Trotzdem ist mit 2,50 Meter Höhe und Breite auch bei schwachem Rückschnitt durchaus zu rechnen; in wärmeren Gegenden Deutschlands oder bei Anhalten der Klimaerwärmung sind noch deutlich größere Pflanzen zu erwarten. Besonders hohe Feigen findet man bei uns in Innenhoflagen inmitten der Städte, wo höhere Temperaturen erreicht werden und die Pflanzen zudem nach oben zum Licht wachsen.

GESTALT

Die Krone ist bei alten, als Bäume wachsenden Individuen sehr breit und ausladend, der Stamm oft knorrig, gedreht oder gebogen. Die reiche Verzweigung beginnt schon in geringer Höhe.

Ohne regelmäßigen Schnitt sehen die Pflanzen oft bizarr aus: Brüchiges und frostgeschädigtes Holz verfällt, während die Kronenpartien intensiv weiterwachsen.

Feigenbäume haben ein Wuchsverhalten und ein System der Verzweigung, das für die jeweilige Sorte mehr oder weniger charakteristisch ist.

Feigenbaum vor dem Austrieb

Dieses reicht von offen und hängend bis kompakt und aufrecht. So wachsen einige Sorten nach Art einer Trauerweide mit kompakten, sich nach unten ausbreitenden Ästen, während andere starke, aufrecht wachsende Äste zeigen.

HOLZ UND BORKE

Die Rinde ist glatt. Bei jungen Trieben ist sie braun, bei älteren Trieben hellgrau gefärbt.

Das Holz ist weich und neigt leicht zum Verfall. Es ist von vergleichsweise geringem Wert.

KNOSPEN

An den Trieben befinden sich verschiedene Typen von Knospen:

- *Kleine Blattknospen an den Sprossknoten,*
- *halbkugelförmige Fruchtknospen in den Blattachseln,*
- *große konische Endknospen, deren Spitze keilförmig zugespitzt ist,*
- *schlafende Augen an den Sprossknoten sowie*
- *Adventivknospen, die an nicht vorbestimmten Stellen entspringen.*

Die beiden letztgenannten Knospen bilden beziehungsweise entfalten sich nur nach einer Beschädigung des Sprosses. Sie sind also nur dafür da, den Verlust eines darüber befindlichen Sprossteils zu kompensieren. Auch durch den Schnitt einer Feige werden die unter der Schnittstelle befindlichen Sprossteile angeregt, neu auszutreiben, in erster Linie aus schlafenden Augen.

LAUB

Die Feige hat große, handförmig gelappte Blätter. Sie sind so dekorativ, dass Feigen Zierelemente im Garten darstellen.

Schwach gelappte Blätter

Stark gelappte Blätter

FORM UND GRÖSSE

Die festen, steifen und fast ledrigen Blätter sind etwa 10 bis 20 Zentimeter lang und fast ebenso breit. Sie sind in drei bis sieben Lappen geteilt. Drei-, fünf- und siebenlappige Blätter treten manchmal gleichzeitig auf demselben Baum auf. Fünflappige Blätter sind mehr oder weniger typisch für *Pastilière*. Siebenlappige Blätter werden häufig auf Bäumen der Sorte *Brunswick* gefunden. Die Einbuchtungen zwischen den Lappen sind bei den einzelnen Sorten unterschiedlich tief.

FARBE

Die Oberseite der Blätter ist dunkelgrün, wobei einige Sorten helleres Laub zeigen als andere. Die untere Seite eines Feigenblattes hat immer einen viel helleren Grünton als die obere.

BLATTSTIEL

Die Farbe des Blattstiels ist offensichtlich eng mit der Farbe der Frucht und der Endknospe verknüpft. *Negronne* etwa hat schwarze Früchte, rosafarbene oder braune Endknospen und rosafarbene Blattstiele. Feigen mit grünen oder gelben Früchten haben meist einen grünen Blattstiel.

WURZELN

Feigen besitzen keine Pfahlwurzel, sondern ein System überwiegend flach verlaufender Wurzeln, das sich seitwärts bis zum dreifachen Durchmesser des Kronendaches ausbreitet und die Feigen zum Wasserkonkurrenten für benachbarte Pflanzen macht. Bei einem fünf Jahre alten, in Texas wachsenden Feigenbaum der Sorte *Brunswick* hatten sich die Wurzeln über 15 Meter ausgebreitet. Die Wurzeln waren dabei bis zu 10,50 Meter vom Hauptstamm entfernt.

Obwohl das Wurzelsystem typischerweise sehr flach ist, erreicht es in einigen Böden dennoch eine überraschend große Tiefe. Auf Ortstein in Kalifornien durchdringen Wurzeln natürliche Risse im Ortstein und erstrecken sich bis zu einer Tiefe von mehr als sechs Metern.

LATEX

Die meisten Teile der Feige, am wenigsten noch die vollreifen Früchte, enthalten einen weißen Milchsaft. Dieser Latex genannte Saft tritt bei einer Verletzung der Pflanze aus, gerade auch beim Schnitt. Die Absonderung von Latex scheint eine Verteidigung gegen Pflanzenfresser, wie Insekten, Wirbeltiere, Mikroorganismen und Pilze, zu sein. Latex enthält nämlich eine Vielzahl von Abwehrproteinen.

Feigenlatex hat einige auch für den Menschen interessante Eigenschaften. In der Ilias bezieht sich *Homer* auf den Saft des wilden Feigenbaums, der Milch zum Gerinnen bringt. Von den Römern wurde Latex verwendet, um Warzen zu entfernen. *Leonardo da Vinci* soll den milchigen Saft der Feigenzweige zusammen mit Eigelb als Bindemittel bei der Herstellung der von ihm verwendeten Farben benutzt haben.

Auch für die Herstellung von Gummi kann Latex, das etwas Naturkautschuk enthält, verwendet werden, und zwar auch der Latex, den die Feigen in unserem Garten absondern. Man macht nur deshalb keinen Gebrauch davon, weil Gummi aus anderem Natur- oder Synthesekautschuk billiger erzeugt werden kann.

Feigenlatex enthält zudem ein Enzym, das als Ficain bekannt ist. Ficain wird als Fleischzartmacher verwendet. Um diese Wirkung wusste schon der antike griechische Arzt Dioskurides, der im 1. Jahrhundert n. Chr. feststellte:

„Die zarten Zweige (des Feigenbaums) mit Rindfleisch gekocht machen dieses leicht verdaulich.“

Leider ist das Latex aber auch für die Dermatitis verantwortlich, die sich empfindliche Personen zuziehen können, wenn ihre Haut beim Schnitt der Feigenpflanze oder bei der Ernte ihrer Früchte in Kontakt mit dem Milchsaft kommt.

Merkmale der Früchte

FRUCHTFARBE

Feigensorten unterscheiden sich hinsichtlich der Farbe ihrer Fruchthaut bei Vollreife. Etwas vereinfacht gibt es drei Farbklassen, in die Feigen unterteilt werden können:

- *Sorten mit grünen, grüngelben, gelben oder gelblich-braunen Früchten („**helle Sorten**"). Etwas ungenau tragen einige dieser Sorten in ihrem Namen den Zusatz „weiß" (wie White Marseilles), was aber nichts daran ändert, dass ihre Früchte gelb oder grün, nicht aber wirklich weiß sind.*
  Beispiel: Desert King bildet gelbgrüne Früchte.
- *Sorten mit ausgesprochen rot-/dunkelvioletten oder purpurschwarzen Früchten („**dunkle Sorten**").*
  Beispiel: Pastilière ist tiefviolettschwarz in der Farbe. Ronde de Bordeaux hat dunkelviolette, fast schwarze Früchte.
- *Sorten, deren Früchte mehr oder weniger bronze- bis kupferfarben oder violett schattiert sind („**Sorten mit Zwischentönen**").*
  Beispiele: English Brown Turkey und Brunswick tragen bronze- oder kupferfarbene, St. Jean mit Violett schattierte Früchte.

Von links nach rechts: Dottato, Brown Turkey, unbekannte dunkle Sorte (aus einem aus Mallorca mitgebrachten Steckling gezogen)

Soweit die Theorie. Tatsächlich gibt es ein ziemlich breites Spektrum von äußeren Farben und einige passen nicht perfekt in eine der Farbklassen. Das liegt auch daran, dass die Farbe über die gesamte Oberfläche selten einheitlich ist. Die purpurschwarze *Barnissotte* beispielsweise zeigt meist unregelmäßige grüne Flecken um die Spitze oder an den Seiten des Körpers. Auch unterliegt die Farbe selbst innerhalb einer Sorte Schwankungen. Lichtintensität, Temperatur, Feuchtigkeit und die An- oder Abwesenheit fruchtbarer Samen haben einen Einfluss. Zum Beispiel sind Früchte der Sorte *Dottato* in einem kühlen Küstenklima grün gefärbt, in einem heißen Binnenklima hingegen zitronengelb. Schließlich ist die eigentliche Farbe bei einigen Sorten wie *Pastilière* dadurch verändert, dass die Früchte – wie bei Zwetschgen – mit feinem Staub bedeckt sind. Man spricht dann von einer Bereifung.

Helle Feigensorten verdanken ihre Farbe Carotinoiden, die in der Fruchthaut angereichert werden. Diese Pigmente geben übrigens auch Möhren, Flamingos und Marienkäfern ihre Farbe.

Die Fruchtstände heller und dunkler Sorten unterscheiden sich schon im Embryonalstadium in der Farbe, links die helle Sorte Brown Turkey, rechts die dunkle Sorte Negronne.

Wenn man die Ergebnisse von Untersuchungen verschiedener Cranberrysorten auf Feigen überträgt, könnten dunkle Sorten einen noch höheren Gehalt an Flavonoiden aufweisen, und zwar in Form farblosen Favonols. Bei den dunklen Feigenfrüchten werden die Flavonoide allerdings optisch durch Anthocyanpigmente überlagert, die ihnen – wie auch anderen stark gefärbten Früchten – eine rote oder violette Farbe geben. Art und Gehalt der Anthocyane (von altgriechisch *ánthos* „Blüte" und *kyáneos* „dunkelfarbig") unterscheiden sich bei den verschiedenen Sorten. In purpurfarbenen Feigensorten wurden vier Anthocyane beschrieben, nämlich Cyanidin-3-O-glycosid, Cyanidin-3-rutinosid, Pelargonidin-3-glucosid und Cyanidin-3,5-diglucosid. Cyanidin-3-O-glycosid ist das vorherrschende Anthocyan in der Schale der Sorte *Brown Turkey*. Wie Untersuchungen an rotem Gartensalat gezeigt haben, ist Cyanidin-3-O-glycosid das einzige Pigment, das auf die Temperatur reagiert und bei Kultur unter kühlen Bedingungen verstärkt angereichert wird. Auch bei Feigen – zumindest beim Fruchtfleisch – scheint das so zu sein, so dass wir nördlich der Alpen mit Früchten rechnen dürfen, die bei derselben Sorte intensiver als im Mittelmeerraum gefärbt sind.

Es spricht viel dafür, dass Feigen mit dunkler Schale der ursprüngliche Typ sind. Die kleinen Samen, die in den Feigensykonien enthalten sind, werden von Vögeln – über ihren Kot – verteilt. Rot und Schwarz dominieren weltweit das Farbspektrum von Früchten, die von Vögeln verbreitet werden. Anthocyanpigmentierung kann deshalb als der Wildtyp für das Fruchtfarbmerkmal angesehen werden. Für weiße Sorten wird angenommen, dass sie Farbmutationen dunkler Sorten darstellen.

Farbmutationen treten häufig bei Blüten und Früchten auf. Sie sind im Gartenbau und in anderen Kulturen weit verbreitet, insbesondere in solchen, die üblicherweise vegetativ vermehrt werden, wie die meisten Obstbäume. Natürliche Mutationen wurden und werden beobachtet, bewusst für den Obstanbau ausgewählt und immer noch verwendet.

Die Farbveränderung wird normalerweise durch die Mutation eines einzelnen Gens hervorgerufen, wie bei Trauben, Äpfeln, Birnen und Blutorangen. Deshalb weisen sie normalerweise einen Unterschied nur in Bezug auf ein Attribut auf. Mit Ausnahme der Fruchtfarbe beim Reifen gibt es keine morphologischen Unterschiede zwischen den Früchten einer bestimmten Sorte und ihrer farblichen Mutante.

Bei einer grünen oder weißen Mutation werden die Anthocyane nicht gebildet, weil die Biosynthese der Pigmente abgeschaltet oder unterdrückt ist. Im Rahmen der Zellteilung hat sich durch einen Kopierfehler bei der Vervielfältigung des Erbinformationsträgers das Erbgut zunächst nur einer Zelle in dieser Weise spontan verändert. Die Veränderung wird dann aber an die Tochterzellen weitergegeben. Bei einer Knospenmutation weist dann der gesamte neu gebildete Trieb die veränderte Erbinformation auf und bildet andersfarbige Früchte als die Mutterpflanze. Wird dieser Trieb abgetrennt und als Steckling gepflanzt, entsteht eine Pflanze mit – bis zur nächsten Mutation – einheitlichem Erbgut, das sich nur in Bezug auf die Fruchtfarbe von der Mutterpflanze unterscheidet.

Wenn die Biosynthese der Pigmente bei hellen Sorten abgeschaltet oder unterdrückt ist, bedeutet das nur, dass von der latent noch vorhandenen Fähigkeit, Anthocyan zu bilden, kein Gebrauch gemacht wird. Durch eine erneute Mutation kann das unterdrückte Gen reaktiviert werden und die Pflanze wie die Wildform wieder dunkle Früchte bilden. Man spricht in solchen Fällen von *Umkehrmutanten* und einem *mutativen Atavismus*.

Beide Farbstoffe, Anthocyane und Flavonoide, beeinflussen neben der Fruchtfarbe auch den Fruchtgeschmack. Ihre antioxidativen und gesundheitsfördernden Eigenschaften verringern das Risiko, an Herz oder Gefäßen zu erkranken.

KNOSPEN

Die Farbe der Terminalknospe und der Fruchtknospen korreliert weitgehend, aber nicht bei allen Sorten mit der Farbe der Früchte. Die meisten grün-fruchtigen Sorten haben grüne Knospen und die meisten dunkelfruchtigen Sorten haben dunkle Knospen.

FORM

Reife Feigenfrüchte kann man danach unterscheiden, ob sie von eher birnenförmiger oder eher kugeliger Gestalt sind. Zwischen Körper und Stiel kann ein Hals vorhanden sein oder fehlen.

Die Form der Feigenfrucht hängt in erster Linie von der Sorte ab. Jede Sorte bildet eine für sie charakteristische Form aus. Die klimatischen Bedingungen haben zwar auch einen Einfluss, so dass Sommer- und Herbstfrüchte bei ein und derselben Sorte etwas anders aussehen können. In der Regel sind die sich daraus ergebenden Unterschiede bei der Form aber eher gering.

Körper, Hals und Stiel einer Feigenfrucht

FRUCHTGRÖSSE

Die Früchte sind in der Regel drei bis zehn Zentimeter groß und bis zu 150 Gramm schwer. Schon der römische Autor *Plinius der Ältere* wies darauf hin, dass die Früchte mancher Feigensorten die Größe einer Birne erreichen. Auf der anderen Seite des Spektrums gilt *Lipari* als die Feigensorte mit den kleinsten Früchten. Bei ihr werden die Früchte nur etwa 2 bis 2,5 Zentimeter lang.

Bei ein und derselben Feigenpflanze werden nicht alle Früchte gleich groß: Zum einen werden Früchte, die sich entlang eines Triebes entwickeln im Allgemeinen von unten nach oben immer kleiner. Zum anderen werden die unter kühleren Bedingungen heranreifenden Sommerfrüchte größer als Herbstfrüchte.

FRUCHTHAUT

Die Fruchthaut bewahrt die Unversehrtheit der Früchte und schützt sie vor äußeren Einflüssen. Ihre Dicke variiert je nach der Sorte. Bei *Dottato* zum Beispiel hat die Haut eine besonders feste, fast gummiartige Struktur, welche ideal für die Verarbeitung zu Konserven ist. Die Haut der Sorte *Ronde de Bordeaux* ist demgegenüber auffallend dünn, was beim Frischverzehr angenehm ist.

Die Haut kann matt sein wie bei *Ischia* oder glänzend wie bei *Dottato*.

Charakteristisch für einige Feigensorten ist das Aufreißen der Haut, das die Reife anzeigt. Wenn die Risse nicht zu stark ausfallen, muss man daran aber keinen Anstoß nehmen.

RIPPEN

Die Rippen der Feigenfrucht sind Erhöhungen, die von der Basis zur Spitze verlaufen. Die Oberfläche einiger Feigen, wie die von *Dottato* der zweiten Ernte, ist glatt und fast ohne Rippen. Beim anderen Extrem sind die Rippen so prominent, dass sie die Oberfläche wellig machen. Manchmal, besonders in unreifen Früchten, zeigen sich die Rippen als bloße Linien, die dunkler gefärbt sind als der Körper.

OSTIOLUM UND AUGE

Einige Sorten wie *Dottato* sondern bei Reife einen topasfarbenen Tropfen honigähnlicher Substanz aus dem Auge ab. Sie sind so „selbstversiegelt".

FRUCHTFLEISCH UND PULPE

Unter der Haut einer Feigenfrucht befindet sich eine meist weiße, mehr oder weniger dicke, ziemlich feste Schicht. Manchmal wird allein diese Schicht als Fleisch bezeichnet und von dem darunterliegenden saftigen Gewebe unterschieden, das die zahlreichen kleinen Kerne umschließt. Dieses saftige und besonders süße Gewebe, das aus den Blüten entstanden ist, wird dann – unter Einbeziehung der Kerne – als Pulpe bezeichnet. Oft wird aber gar nicht zwischen Fleisch und Pulpe unterschieden, sondern alles, was unter der Haut liegt, Fruchtfleisch genannt.

Ungeachtet der Kerne, die so klein sind, dass sie nicht stören, ist die Pulpe der Höhepunkt des Feigengenusses. Umso besser, dass sie gut 80 Prozent einer reifen Feigenfrucht ausmacht. Bei den meisten Sorten füllt die Pulpe das Innere der Frucht vollständig aus. Bei einigen Sorten wie *Brunswick* kann die Pulpe aber auch in der Mitte hohl sein. Sie kann bernsteinfarben sein, ist aber bei der Mehrzahl der Feigen mehr oder weniger erdbeerfar-

Von links nach rechts: Dottato (helle Sorte), Desert King (helle Sorte) und Negronne (dunkle Sorte)

ben. Dunkle Feigen neigen dazu, auch ein etwas dunkleres, manchmal fast violettes, Inneres zu haben. Ausnahmen, die diese Regel bestätigen, gibt es aber auch.

Lebensdauer

Die Lebensdauer eines Feigenbaums ist im Vergleich zu einem Olivenbaum kurz. Einzelne Methusaleme können zwar bis zu 100 oder mehr Jahre alt werden. Der weltweit wohl älteste Feigenbaum, der sich bis heute erhalten hat, wächst im Patio des ehemaligen Gouverneurspalastes in der peruanischen Hauptstadt Lima. Er soll 1538 gepflanzt worden sein und ist damit fast 500 Jahre alt. Der ursprüngliche Stamm ist zwar längst verschwunden. An seine Stelle sind zwei neue Hauptstämme und einige Wurzelschösslinge getreten. Dieser Baum ist indes eine seltene Ausnahme. Die meisten Exemplare bauen, abhängig von Boden und Kulturbedingungen, nach 50 bis 75 Jahren deutlich ab und werden dann gerodet. In Italien beispielsweise hat eine Feigenplantage deshalb nur eine Lebenserwartung in dieser Größenordnung.

Opferstiere

Dass der Feige schon in alter Zeit Respekt entgegengebracht wurde, zeigt sich in dem Glauben der antiken Griechen, dass eine Priesterin jeden noch so wilden Stier zähmen und zum Opferaltar führen könne, indem sie ihm einfach einen Zweig der wilden Feige um den Hals bindet.

Diese vitale Feigenpflanze wächst und fruchtet (!) in Lübeck, im nördlichsten deutschen Bundesland Schleswig-Holstein.

KLIMA

Ansprüche des Feigenbaums an das Klima

Der Feigenbaum stammt aus den Subtropen. Von Natur aus ist er an ein warmgemäßigtes Klima mit heißen trockenen Sommern und milden Wintern, wie wir es aus dem Mittelmeerraum kennen, angepasst. Unter solchen Bedingungen gedeiht und fruchtet er am besten.

Man kann sich zunächst kaum vorstellen, wie diese wärmeliebende Pflanze es nördlich der Alpen aushalten und hier auch noch leckere Früchte bilden kann. Tatsächlich ist unser kühlgemäßigtes Klima die größte Herausforderung beim Feigenanbau. Im Vergleich zu Kulturpflanzen, von denen schon die Wildformen bei uns wuchsen oder zumindest auch aus kühlgemäßigten Klimata stammen – denken wir an Himbeere, Stachelbeere oder Apfel – ist die Feige bei uns viel stärker von den Launen des Wetters bedroht. Unser Klima ist für sie grenzwertig, was nicht heißt, dass ihr Anbau nördlich der Alpen unmöglich wäre oder nur wenig Erfolg verspräche. Entscheidend ist, dass man die klimatischen Ansprüche der Feige kennt und ihnen Rechnung trägt. Wer das tut, wird auch bei uns im eigenen Garten verlässlich Früchte in hoher Zahl und mediterraner Qualität ernten, und das sogar von ins Freiland ausgepflanzten Feigen.

Trotz des Handicaps, der Feige keine wirklich heimatlichen Bedingungen bieten zu können, hat ein hiesiger Gärtner seinen Kollegen im Mittelmeerraum überraschend sogar eines voraus: Feigenfrüchte, die unter kühleren Bedingungen heranreifen, fallen deutlich größer aus als solche derselben Sorte, die mehr Wärme abbekommen. Das dürfte auch der Grund dafür sein, dass die im Frühsommer heranreifenden Früchte größer sind als die Herbstfrüchte, die im Spätsommer höhere Temperaturen erfahren haben. Auch beim Fruchtfleisch gibt es einen Unterschied: Bei niedrigeren Temperaturen weist es eine lebhaftere Farbe auf. Wenn das kein Mutmacher für den Anbau bei uns ist! Dass auch die Form der Früchte unter kühlen Bedingungen etwas anders, nämlich länglicher, ist und Feigen, die im Süden gelb ausreifen, bei uns hellgrün bleiben (dabei aber genauso zur Vollreife gelangen), fällt weniger ins Gewicht.

Betrachten wir nun die für Feigen relevanten Klimadaten, die Entwicklung und Ertrag des Feigenbaums beeinflussen, die Anzahl der Fruchtgenerationen sowie die Reifezeit bestimmen. Bei dem Begriff „Klima" denken die meisten nur an die Temperaturen – tatsächlich ist die Temperatur der begrenzende Faktor für den Anbau von Feigen im Freiland –, aber das Klima wird noch durch andere Faktoren, wie Wind, Niederschlagsmengen, Luftfeuchtigkeit und Sonnenscheindauer, bestimmt.

Winterhärte

Der wichtigste klimatische Faktor für den Anbau von Feigen nördlich der Alpen sind die hier herrschenden Wintertemperaturen. Einerseits gilt: Ohne eine Kältephase keine Fruchtbildung. Andererseits: Die Feige ist, obwohl im Stadium der Winterruhe in Maßen frosttolerant, bei wirklich tiefen Temperaturen nur bedingt frostfest. Da die Bäume durch Fröste geschädigt werden können, sind die Wintertemperaturen relevant für das Überleben einer ausgepflanzten Feige und ein limitierender Faktor für den Anbau.

Diese nur etwa 70 cm hohe, erst im Vorjahr aus einem Steckling gezogene Jungpflanze der Sorte Desert King hat ihren ersten Winter im Freien unbeschadet überstanden. Und das völlig ohne Winterschutz. Geholfen haben ihr ein geschützter Standort am Haus und Temperaturen, die nie unter -4° C gefallen sind.

Eine exakte und für alle Feigenpflanzen einheitliche Angabe der Temperatur, bis zu der Frosttoleranz besteht, ist nicht möglich. Dazu spielen zu viele Faktoren eine Rolle:

- *Ein gutes Ausreifen des Holzes verstärkt die Frostbeständigkeit deutlich. Gut ausgereiftes Holz widersteht Kältetemperaturen, die um 10 bis 12 °C niedriger liegen als für die grüne krautige Struktur. Das im letzten Jahr gebildete, noch junge Holz ist, weil es weniger Zeit zum Ausreifen hatte, anfälliger als älteres Holz. Da sich am jungen Holz auch die Knospen der Sommerfrüchte befinden, sind sie besonders frostgefährdet und können schon bei moderatem Frost absterben. Auch im letzten Jahr gebildete Wurzelschösslinge gehören zum Holz mit erhöhter Frostanfälligkeit. Umgekehrt sind Feigenbäume, die im Vorjahr nicht oder nur verhalten zurückgeschnitten wurden, von Frostschäden weniger stark betroffen als stark beschnittene Bäume, die angeregt wurden, viel neues Holz zu bilden.*
- *Überalterte Bäume sind verletzungsempfindlicher als gesunde ausgewachsene Bäume.*
- *Eine angemessene Pflege des Obstgartens, die zu einem stärkeren und kräftigeren Baumwachstum führt, lässt die Feigen starken Winterfrost ohne schwere Schäden überstehen, während in vernachlässigten Obstgärten viele Feigenbäume bis auf den Boden getötet werden.*
- *Die Frosttoleranz nimmt mit dem Alter der Pflanzen zu. Jungen Pflanzen fehlt noch die Substanz in Form eines dicken Stammes und eines starken Wurzelwerks. Auch wachsen ihre Triebe so schnell, dass sie im Herbst oft nicht mehr ausreifen, also verholzen. Beides zusammen macht junge Feigenbäume – selbst bei sehr robusten Feigensorten – anfällig für Frostschäden. Krautige Jungpflanzen können schon durch Bodenfrost beschädigt oder vollständig abgetötet werden, wenn die Temperaturen auf lediglich -2 bis -4 °C fallen.*

Erst wenn die Feige etabliert ist, sich schon erfolgreich entwickelt und ein Alter erreicht hat, in dem die Neutriebe kurz bleiben, wird die optimale Winterhärte erreicht. Pflanzen, die in den ersten zwei bis drei Jahren bereits bei -14/15 °C zurückgefroren sind, widerstehen dann leicht Temperaturen zwischen -15 und -17 °C und sogar noch weniger bei einigen Sorten, wenn sie an bevorzugten Standorten gepflanzt sind (-17/18 °C). Den dafür erforderlichen Entwicklungsstand können Feigen erreichen, wenn sie in ihren ersten Jahren keine zu harten Winter hatten oder geschützt wurden, indem sie zum Beispiel als Topfpflanze gehalten wurden. Es können sich aber auch Feigen, nachdem sie einige Jahre im Freien regelmäßig bis zum Boden zurückgefroren sind, irgendwann fangen und „winterhart" werden.

- *Wie gut **ausgepflanzte Feigen** einen Winter überstehen, hängt nicht nur von den Tiefsttemperaturen, sondern auch von **Wind, Bodenbeschaffenheit** sowie **Luft- und Bodenfeuchtigkeit** ab. Eisiger Wind wird schlechter vertragen als die gleiche Temperatur in „stehender Luft". Vor allem auf wochenlange winterliche kalte Winde reagieren Feigenbäume empfindlich.*

Der Einfluss der Bodenfeuchtigkeit auf die Frosthärte ist zwiespältig: Einerseits reift, weil die Feige dann weniger wüchsig ist, das Holz in leichten Böden, welche die Feuchtigkeit weniger gut halten, besser aus. Andererseits sind in einem ausgetrockneten Boden die Poren luftgefüllt und wirken als Isolationsschicht. Dies führt im Winter dazu, dass die Wärmespeicherung und der Wärmefluss von tieferen Bodenschichten an die Bodenoberfläche gestört sind. Unter diesen Gesichtspunkten können selbst benachbarte Pflanzen die Frosttoleranz beeinflussen, wenn sie den Boden entfeuchten. Ein etwas vereinfachtes Resümee: Während der Vegetationsperiode ist zu viel Feuchtigkeit unerwünscht. Im Winter ist die Bodenfeuchtigkeit dagegen eher hilfreich. In diesem scheinbaren Widerspruch spiegelt sich die Anpassung der Feige an ein mediterranes Klima mit trockenen Sommern und regenreichen Wintern.

- ***Die Menge an Kälte, welche die ruhenden Feigenbäume aushalten, hängt auch, und zwar ganz entscheidend, von dem Grad der Ruhe ab. Die Intensität der Knospenruhe der Feigenknospen wird in drei Phasen eingeteilt: einleitende, tiefste und erwachende Phase. Es gibt drei Jahreszeiten, in denen ernsthafte Frostschäden auftreten können: die Herbstsaison, im Oktober und November, während das Laub noch grün ist, die Winterperiode, wenn die Bäume ruhen, und der frühe Frühling, wenn der Baum sein vegetatives Wachstum beginnt.***

Temperaturen, die im Herbst langsam fallen, gehören zum Besten, was einer Feige passieren kann. Sie führen dazu, dass die Pflanze in Winterruhe übergeht und eine hohe Kältetoleranz entwickelt. Auf dem Wege dahin sind selbst leichte Fröste, die zum Blattfall führen, zumindest nicht schädlich. Kritisch für eine Feige, deren Winterruhe noch nicht vollständig ausgebildet ist, ist hingegen ein plötzlicher und heftiger Frosteinbruch mit Temperaturen unter -5 °C, da er die Pflanze unvorbereitet trifft. Er kann ernsthaften Schaden an Trieben und Knospen verursachen und manchmal gar zum Absterben der Pflanze führen.

Ist die Winterruhe erst einmal vollständig ausgebildet, ist ein Feigenbaum ziemlich frosttolerant. Normalerweise bleibt diese Toleranz trotz des geringen Bedarfs einer Feige nach Winterruhe selbst während milden Winterwetters bis zum Frühling erhalten. Zwar sprießen Feigentriebe kurz nach der Zufuhr von Wärme, auch wenn sie sich in der tiefsten Phase der Winterruhe befanden. Ich habe das an einigen Topffeigen beobachten können, die ich angesichts zweistelliger Tageshöchsttemperaturen Anfang März aus einem unbeheizten Abstellraum zunächst ins Freie gestellt, dann aber wegen neuerlicher Nachtfröste zurück in das etwa 15 bis 18 °C warme Haus geholt habe. Dort haben die Pflanzen innerhalb weniger Tage begonnen auszutreiben. Zeitgleich hat sich bei anderen Feigen im Freiland noch nichts getan.

Allerdings sichert sich die Feige vor zu frühem Austrieb und Frostschäden recht wirkungsvoll ab: Die Wärmemenge, die eine Feige bis zum Knospenaufbruch benötigt, ist so groß, dass der Knospenaufbruch meist erst relativ spät im Frühjahr erfolgt, wenn die Wahrscheinlichkeit von späten Nachtfrösten geringer ist. Selbst ein sehr deutlicher zwischenzeitlicher Temperaturanstieg, wie er in dem für Mitteleuropa typischen Mischwetter aus atlantischen und kontinentalen Einflüssen vorkommen kann, vermag die Frosthärte im Allgemeinen nicht zu brechen. Das zeigt folgendes Beispiel: In Kleve am Niederrhein erreichten die Tageshöchsttemperaturen zwischen dem 22. und dem 29. Januar 2018 an acht aufeinanderfolgenden Tagen ungewöhnlich hohe Werte zwischen 6,9 und 13,6 °C. Die mittleren Tagestemperaturen lagen – bei Frostfreiheit – zwischen 4,6 und 10,6 °C. Zu einem Austrieb der Knospen oder einer Schädigung durch Frost von -8 °C, wie er Ende Februar und noch Anfang März zu verzeichnen war, führten diese für die Jahreszeit ungewöhnlich hohen Temperaturen dennoch nicht. Sie können also ganz gelassen bleiben, wenn es im Winter ungewöhnlich warm wird. Die Wärmemenge, die eine Feige zum Austrieb veranlasst, wird in unseren Breiten kaum einmal vor Mitte April erreicht.

Die unerlässliche Temperatur, die erreicht werden muss, bevor das vegetative Wachstum beginnt, ist für Feigenbäume nicht definitiv bekannt. Michel Adanson berichtete 1763, dass die Feigenbäume in der Nähe von Paris um den 20. April herum austrieben, nachdem sich 760 Einheiten Wärme angehäuft hatten (vermutlich Tage x Grad über 0 °C).

Kübelfeigen, die bei 14 bis 16 °C überwintert wurden, beginnen schon Anfang Februar auszutreiben. Nach eigenen Beobachtungen an den ins Haus geholten Feigen und solchen im Freiland beginnt der Austrieb bei Tagesdurchschnittstemperaturen von mehr als etwa 10 °C nach einigen Tagen. Je höher die Temperaturen, desto stärker erfolgt der Austrieb. Fallen die Temperaturen später wieder unter 10 °C, stagniert die Entwicklung der Pflanzen. Das deutet darauf hin, dass es beim Auslöser für den Austrieb weniger um eine Wärmesumme aus einer Vielzahl von Tagen knapp über 5 °C (oder sogar weniger) geht als um fünf bis zehn Tage mit kontinuierlich hohen Temperaturen > 10 °C. Die Tageslänge dürfte – wie die Beobachtungen an den ins Haus geholten Feigen zeigen – nur eine untergeordnete Rolle spielen.

Wenn allerdings ein Feigenbaum, veranlasst durch Sonnenschein und hohe Temperaturen, erst einmal mit dem Wachstum begonnen hat, ist er für Spätfröste sehr anfällig. Vor allem in einer extremen Südlage kann eine Feige zu früh „im Saft stehen". Ein leichter nächtlicher Frost etwa im späten April kann dann auch einen Baum schädigen, der im Hochwinter viel niedrigere Temperaturen unbeschadet überstanden hat. Gerade die sich entwickelnden Sommerfrüchte können irreparablen Schaden erleiden. Mitunter werden gar junge Feigenbäume infolge der sekundären Entwicklung von saurem Saft zum Absterben gebracht.

- *Kurzzeitige Kälteperioden werden besser überstanden als langer, tiefer Dauerfrost.*
- *Es gibt sortenspezifische Unterschiede. Einige Sorten sind winterhärter und können niedrigere Temperaturen tolerieren oder neue Triebe aus unterirdisch geschützten Knospen produzieren. Manche Sorten halten kaum Fröste aus, andere können erhebliche Minustemperaturen ertragen. Es gibt überdies verschiedene Stärken einer Sorte. Wind vermag für eine sonst sehr harte Sorte ein Problem sein, während eine weniger harte Sorte mit kaltem Wind keine Probleme haben mag. Vor kalten Nordostwinden sollten Feigen jedoch immer geschützt stehen.*

Der Sortenfaktor hat auch Einfluss auf das Ausmaß der Schäden durch Frühlingsfröste. Eine Sorte, die eine Woche oder zehn Tage vor einer anderen austreibt, kann schwer geschädigt werden, während sich Letztere einer Schädigung entziehen kann.

Ein Grund, warum *English Brown Turkey* so extensiv gepflanzt wird, ist, dass die Bäume früh in Winterruhe gehen, niedrigere Temperaturen aushalten und etwas später austreiben als die meisten anderen Sorten. Bei einer Temperatur, bei der einige Feigenbäume der Sorte *Brunswick* Schäden am einjährigen Holz zeigten, wurden Bäume von *Brown Turkey* nicht geschädigt.

Unterschiedliche Erfahrungsberichte zu Winterhärten müssen also kein Widerspruch sein, auch weil jeder Winter anders ist und auch Standorte nur bedingt vergleichbar sind.

Als Faustformel kann für die in Deutschland bevorzugt kultivierten Feigensorten davon ausgegangen werden, dass eine Schädigung eintritt

- *bei Wintertemperaturen unter -10 bis -12 °C. Dann kann das im letzten Jahr gebildete junge Holz absterben, bei weniger als -16 bis -17 °C (an der Pflanze!) auch das Altholz,*
- *durch Fröste im Herbst mit Temperaturen unter -5 °C und*
- *durch Spätfröste im Frühjahr, mit denen bis Anfang Mai zu rechnen ist, bei Temperaturen unter -1 °C. Gefährdet ist der zarte Neuaustrieb – der meist nicht vor Mitte April erfolgt –, wobei mitunter kurzzeitig -1 bis -2 °C auch ohne Schäden überstanden werden. Spätfröste können auch dazu führen, dass Sommerfrüchte abgeworfen werden. Zwar reagiert eine Feige auf Spätfrostschäden am Neuaustrieb und an den Sommerfrüchten, indem sie wenig später als Ersatz gesunde frische Blätter und Triebe bildet. Die geschädigten Sommerfrüchte werden allerdings im selben Jahr nicht mehr ersetzt. Durch den zeitlich versetzten Ersatzaustrieb verzögert sich auch die Bildung von Herbstfeigen, so dass für sie die Wahrscheinlichkeit, rechtzeitig auszureifen, geringer ist. Spätfröste sind also für die Feigenpflanze nicht existenzgefährdend, wohl aber eine ärgerliche Angelegenheit für den Besitzer. Bei uns am wintermilden Niederrhein ist das Risiko von Schäden durch Spätfrost weit größer als das von Schäden durch winterliche Tiefsttemperaturen.*

Eine Sorte, die verlässlich unter -17 °C verträgt, ist aus seriöser Quelle nicht bekannt. Angaben zu Sorten, die sogar -20 °C aushalten sollen, sind leider falsch und irreführend.

Pflanzenteile, deren Temperatur unter die Toleranzgrenze absinkt, erfrieren. Das Holz stirbt sukzessiv ab bis hin zu unverletzten Knospen weiter unten am Stamm. Feigenbäume können so auf die Äste zurückfrieren, die das Gerüst des Baumes bilden.

Das Erfrieren oberirdischer Teile bedeutet indes nicht, dass die Pflanze ganz abstirbt. Selbst wenn die Triebe in einem strengen Winter weit zurückfrieren, treibt eine gut etablierte Pflanze im Frühjahr meist aus dem Wurzelstock wieder kräftig aus, sofern die Bodentemperatur nicht in einem extrem harten Winter unter die Toleranzgrenze abgesunken war. Das kann allerdings bis Anfang Juni dauern. Ein totales Erfrieren einschließlich des Wurzelstocks kommt selbst bei jüngeren Pflanzen, die grundsätzlich empfindlicher sind, selten vor.

Dank guter Regenerationsfähigkeit kann sich wieder ein üppiger Strauch aufbauen. Folgendes Problem verbleibt allerdings: Im Frühjahr erscheinen an oberen Teilen des alten Holzes, das keine Frostschäden hat, Blütenstände, aus denen sich in der Regel essbare Feigen entwickeln. Wenn das alte Holz erfroren ist, wird man vergeblich auf diesen Fruchtgenuss warten.

Bis zum Herbst können zwar die Wurzelschösslinge von Bäumen, die auf den Boden zurückgefroren sind, wieder eine Höhe von zwei bis drei Metern erreicht haben. Bei einigen Sorten wie *Brunswick* mögen sich an ihnen in warmen Sommern nochmals fruchtfähige Blütenstände bilden. Bei uns aber haben Früchte, die an neuen Wurzeltrieben gebildet werden, kaum die Möglichkeit, auszureifen. Freilandfeigen, die bis auf den Grund abgestorben sind, scheinen ohnehin mehr an vegetativem Wachstum interessiert zu sein als daran, Herbstfrüchte anzusetzen.

Fazit: Wo regelmäßig mit jährlichen Tiefstwerten unter -16 °C zu rechnen ist, ist ein ertragreicher Anbau im Freien kaum möglich. Größere Pflanzen sind mit vertretbarem Aufwand im Freien nicht zu schützen. In entsprechenden Gegenden sollte Topfkultur praktiziert werden, auch deshalb, weil extreme Kälte ebenfalls negative Auswirkungen auf die Fruchtbildung hat: In Regionen, in denen harte Feigen soeben noch den Winter überleben, tragen diese oft nur leidlich Früchte.

Winterhärtezonen

Das Risiko, dass die Wintertemperaturen unter die vorgenannten Toleranzwerte fallen, ist in den Gebieten nördlich der Alpen nicht überall gleich hoch. Es gibt Regionen, in denen das Winterklima im Allgemeinen milder ausfällt als in anderen. Dafür gibt es im Wesentlichen drei Gründe:

Zum einen liegt Deutschland im **Übergangsbereich zwischen dem maritimen Klima Westeuropas und dem kontinentalen Klima Osteuropas.** Das Klima in Deutschland wird maßgeblich durch Deutschlands Lage an der Westseite des Kontinents im Bereich der Westwindzone bestimmt. Mit den in mittleren Breiten vor allem im Winter vorherrschenden Westwinden wird häufig feuchte und aufgrund des warmen Golfstroms besonders milde Meeresluft vom Atlantik herangeführt, so dass die Temperaturen in Deutschland gerade im Winterhalbjahr höher sind, als es seine nördliche Position vermuten ließe. Wie die nachfolgende Übersicht der vorherrschenden Windrichtungen zeigt, kommt der Wind am häufigsten sogar aus Südwesten, was den Einfluss milder Meeresluft sogar noch etwas verstärkt.

Verteilung der Windrichtung in Kalkar (Januar 2000 – Dezember 2016)

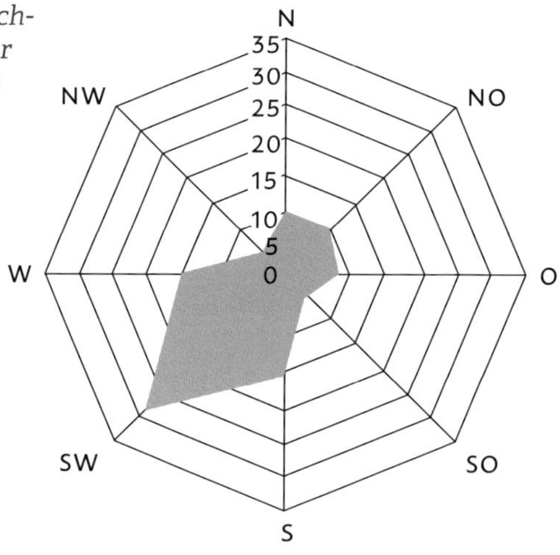

Die Daten beziehen sich zwar auf die Wetterstation in Kalkar am Niederrhein, haben aber in der Tendenz für große Teile Deutschlands Gültigkeit.

Allerdings nimmt der atlantische Einfluss innerhalb des Landes von West nach Ost ab. An den Küsten, dem dahinterliegenden Binnenland sowie bis in die Kölner Bucht dominiert so ein maritimer Klimatyp mit vergleichsweise geringen Temperaturunterschieden zwischen Sommer und Winter, während nach Südosten hin, vor allem im östlichen Bayern und in Ostdeutschland, ein deutlicher kontinentaler Einfluss besteht mit wärmeren Sommern und kalten Wintern.

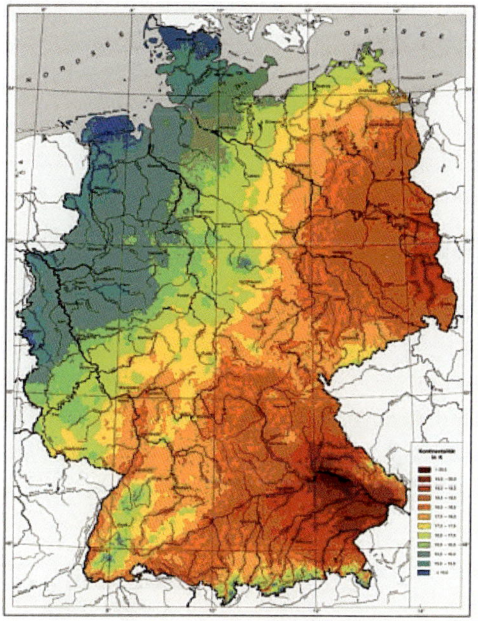

Die Kontinentalität gibt die Stärke der Prägung des Klimas durch Landmassen an. In Deutschland nimmt die Kontinentalität von Nordwest nach Südost zu (siehe Abbildung). Der Gegensatz zur Kontinentalität ist die Maritimität.

Im Südwesten Deutschlands kommt ein Sondereffekt zum Tragen: Durch die **Burgundische Pforte** kann warme Mittelmeerluft in den **Oberrheingraben** strömen und für ein ganzjährig mildes, fast subtropisches Klima sorgen.

Natürlich gibt es Ausnahmen zu vorgenannten Regeln: Die vorherrschende Westwinddrift und auch der Zustrom warmer Mittelmeerluft sind nicht beständig und werden gelegentlich durch die Polarfront überlagert. So kann es bei Ostwindlagen im Winter bis auf die Nordseeinseln zu mehrtägigen Dauerfrostperioden kommen, ebenso wie umgekehrt eine ausgeprägte Westwindlage auch in Ostbayern im Winter für Temperatu-

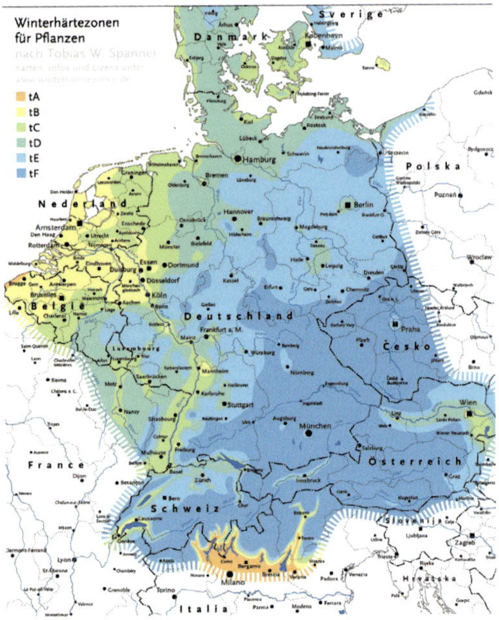

Winterhärtezonen

ren deutlich über 0 °C sorgt. Im Grundsatz gilt aber: Die Wintertemperaturen fallen im Osten und Südosten auf deutlich tiefere Werte als im Westen.

Ein zweiter Aspekt ist die **Höhenlage:** Je höher ein Gebiet gelegen ist, desto niedriger fällt die Temperatur aus. Als Faustformel kann man davon ausgehen, dass es pro 100 Höhenmeter etwa ein Dreiviertelgrad kälter ist. Als Konsequenz liegen die Minimaltemperaturen in Mittelgebirgslagen sehr viel niedriger als im Flachland.

Führt man die vorgenannten beiden Aspekte zusammen, ergibt sich für das Gebiet nördlich der Alpen ein ziemlich klares Bild, wo im Winter welche Tiefsttemperaturen zu erwarten sind. Das lässt sich auch grafisch darstellen. Nach amerikanischem Vorbild hat man das Gebiet nördlich der Alpen auf einer Karte in verschiedene Winterhärtezonen (auch USDA-Klimazonen genannt) eingeteilt, die – innerhalb gewisser Spannbreiten – die üblicherweise zu erwartenden Minimaltemperaturen aufzeigen. Diese Klimazonen werden in einer Skala von 1 bis 13 aufgeteilt. Auf dieser Skala sind für Deutschland nur die Zonen 6 bis 8 relevant, die auch noch in sogenannte „Halbzonen" unterteilt sind.

Wichtig bei der Interpretation dieser Karte ist, dass die Winterhärtezonen nur die **Mittelwerte** der langjährigen Tiefsttemperaturen in einer bestimmten Region beschreiben. In extremen Wintern können durchaus tiefere Temperaturen auftreten.

Angesichts der von Feigen tolerierten Tiefsttemperaturen kommen für den Anbau im Freiland uneingeschränkt nur die Winterhärtezonen 8a und 7b in Betracht. In den anderen Zonen ist ein besonders geschützter Standort oder ein Winterschutz erforderlich.

STÄDTISCHE WÄRMEINSELN

Einem dritten Aspekt trägt die Einteilung ganzer Landstriche in Winterhärtezonen allerdings nur sehr unzureichend Rechnung: Innerhalb vieler Gegenden, die einheitlich einer bestimmten Winterhärtezone zugeordnet werden, gibt es dicht besiedelte **städtische Wärmeinseln**, auf denen die Temperatur weit weniger tief fällt, als das im Umland der Fall ist. Das beruht auf der Wechselwirkung mehrerer unterschiedlicher Effekte. Die wichtigsten sind folgende:

- *Durch die vielen senkrechten Fassaden wird der Einfallswinkel der Sonne direkter, was dazu führt, dass sich die Oberfläche vergrößert, auf der Sonnenstrahlung absorbiert wird. Dadurch heizen sich bebaute Gebiete sehr viel stärker auf.*
- *Der verbaute Stein heizt sich schneller auf als von Vegetation bedeckter Boden. Er ist zudem ein besserer Wärmespeicher und gibt seine Wärme nachts langsamer ab. Zum Beispiel kann Beton etwa 2000 Mal so viel Wärme halten wie ein entsprechendes Luftvolumen.*
- *Oberflächen verlieren nachts Wärme hauptsächlich durch Strahlung an den vergleichsweise kühlen Himmel. Durch die Einengung des Horizonts in Straßenschluchten wird die nächtliche Abstrahlung der Wärme eingeschränkt.*

- *Emittenten wie Verkehr und Industrieanlagen reichern die Luft mit Schadstoffen an. Deren Ableitung wird dadurch behindert, dass durch die dichte Bebauung Windgeschwindigkeit und Luftzirkulation um im Mittel bis zu 30 Prozent reduziert werden. Die so erhöhte Partikelkonzentration in der Luft dämpft die Abstrahlung von Wärme.*
- *Durch den Energieverbrauch wird eine große Menge an Abwärme erzeugt.*
- *Ein weiterer Faktor, der zur Erwärmung der Innenstädte führt, ist die großräumige Flächenversiegelung. Niederschlagswasser läuft daher schnell ab und steht nicht für die Verdunstung zur Verfügung. Da die Verdunstung Wärme verbraucht, führt auch dieser Effekt zu einer geringeren Abkühlung der Städte.*
- *Da in Städten – vor allem aufgrund der höheren Wärmespeicherkapazität – der Schnee in der Regel viel kürzer als auf dem Land liegen bleibt, verringert sich die Rückstrahlemission der Stadt und verstärkt dadurch den Heizeffekt.*

Im Ergebnis wärmen sich intensiv bebaute Zonen, zu denen vor allem Innenstädte in Ballungsgebieten, weniger die mit viel Grün durchsetzten Vorstädte zählen, tagsüber stärker auf und kühlen nachts weniger ab. Sie sind so gerade im Winter und während der Nacht, besonders bei schwachem Wind und wolkenlosem Himmel, deutlich wärmer als das Umland.

Schon um 1820, also noch weit vor der Industrialisierung, berichtete der englische Wetterbeobachter *Luke Howard*, dass das städtische Zentrum Londons gegenüber der umgebenden Landschaft nachts um durchschnittlich 2,1 °C wärmer sei. Geringer sind die Temperaturunterschiede im Zuge der voranschreitenden Ausdehnung bebauter Flächen und ihrer zunehmenden Verdichtung seitdem nicht geworden. Der mittlere Temperaturunterschied zwischen dem Zentrum einer Stadt mit mindestens einer Million Einwohnern und dem unbebauten Umland beträgt typischerweise bis zu 3,0 °C. Nachts kann der Unterschied sogar bis zu 12 °C ausmachen (und so dazu führen, dass die Temperatur nicht unter den Wert fällt, ab dem Ihre Feigenpflanze Frostschäden erleidet). Der Wärmeinseleffekt ist so relevant, dass ein innerstädtischer Ort, der nach der Karte einer bestimmten Winterhärtezone zugehörig ist, die Kriterien zumindest der nächsthöheren Winterhärtezone erfüllt. Solche städtischen Wärmeinseln, die sich konsequenterweise auch durch eine um bis zu 25 Prozent verkürzte Frostperiode auszeichnen, sind also – ungeachtet oder gerade auch wegen der im Vergleich zum Umland geringeren Luftqualität – für den Feigenanbau besonders geeignet. Ohne etwas verharmlosen zu wollen, ist den sonst Besorgnis erregenden Umweltaspekten auf diese Weise sogar noch etwas Gutes abzugewinnen.

Im Ergebnis erfüllen weite Teile Deutschlands unter dem Gesichtspunkt der winterlichen Tiefsttemperaturen die Voraussetzungen für einen Anbau von Feigen im Freiland. Dieser ist ohne Bedenken möglich

- ***in Tieflagen an Mittel- und Oberrhein sowie an Mosel und Saar,***
- ***am Bodensee,***
- ***im niederrheinischen Tiefland,***
- ***entlang der Nordseeküste,***
- ***im Ruhrgebiet,***
- ***im Ballungsgebiet Rhein-Main,***
- ***in den dicht bebauten Innenstädten unserer Großstädte.***

Natürlich können selbst in diesen begünstigten Gebieten die Wintertemperaturen in Extremjahren unter den kritischen Wert fallen und zu dem – in der Regel nur teilweisen – Absterben einer Feigenpflanze führen. Dem kann man aber Rechnung tragen, indem man die Feigenpflanze selbst in begünstigten Gegenden an einem besonders geschützten Standort, etwa in einem Innenhof oder an einer gegen Nordostwind abschirmenden Mauer anpflanzt. Bei einem solchen begünstigten Standort weicht das Lokalklima von dem eines freien, windorientierten Standortes in derselben

Region um mindestens eine Klimazone (nicht nur eine Halbzone!) ab. Ein solch vorteilhaftes Mikroklima kann den Unterschied ausmachen.

Wo ein besonders geschützter Standort nicht zur Verfügung steht, lässt sich vielleicht in extrem kalten Phasen vorübergehend für Winterschutz sorgen. In Gebieten der Winterhärtezonen 8a und 7b sowie in Innenstädten der Zone 7a ist jedenfalls das Risiko einer wesentlichen Schädigung der ausgepflanzten Feige so gering, dass der Anbau im Freiland hier empfohlen werden kann.

Noch etwas: Im Zuge des Klimawandels sind in Deutschland die Jahresmittelwerte und in gleicher Weise auch die Wintertemperaturen zwischen 1881 und 2018 um durchschnittlich 1,5 °C angestiegen. Allein in den letzten 30 Jahren hat die Temperatur um 0,7 °C zugenommen. Die Zahl der Frosttage ist in Nordrhein-Westfalen von durchschnittlich 71,3 Tagen im Zeitraum von 1891 bis 2018 auf nur noch 62,4 in der Zeit von 1989 bis 2018 gesunken, die der Eistage von 16,5 auf 11,7. Im übrigen deutschen Sprachraum dürfte die Tendenz ähnlich sein. Wenn dieser Trend auch nur abgeschwächt anhalten sollte, wird der Anbau von Feigen im Freiland in einigen Jahren auch in Gebieten der heutigen Winterhärtezone 7a unbedenklich sein.

Ganz sicher können wir uns in Bezug auf den Verlauf des Klimawandels allerdings nicht sein. Nicht dass ich Zweifel an einer weiter voranschreitenden globalen Erwärmung hätte – so schnell werden wir beim Ausstoß der das Klima beeinflussenden Emissionen wohl nicht umsteuern. Allerdings könnte eine weiter voranschreitende globale Erwärmung auch dazu führen, dass sich Meeresströmungen verändern. Wenn sich dabei auch der Golfstrom verlagern oder gar versiegen würde, könnte unsere winterliche Zentralheizung ausfallen. Westeuropa könnte so in einer global erwärmten Welt eine Insel darstellen, auf der die Wintertemperaturen gegen den globalen Trend sogar fallen könnten. Der Feigenanbau würde damit bei uns viel schwieriger werden. So weit ist es aber noch nicht und so muss es auch gar nicht kommen. Das Szenario soll lediglich aufzeigen, dass Prognosen in gewissem Umfang immer fehlerbehaftet sind und dass ein Extrapolieren einer historischen Entwicklung besonders unsicher ist.

Krösus und die Perser

Krösus, Herrscher über das in der heutigen Türkei gelegene Königreich Lydien und bekannt für seinen sagenhaften Reichtum, bereitete im 6. Jahrhundert v. Chr. einen Feldzug gegen das Perserreich vor, um sich Teile davon einzuverleiben. Nach dem griechischen Geschichtsschreiber Herodot soll ein Untergebener, der wegen seiner Weisheit geachtete Sandanes, versucht haben, Krösus davon abzuhalten, indem er sagte: „Herr! Sie sind im Begriff, mit einem Volk Krieg zu führen, das nur Hosen und andere Lederbekleidung trägt. Das sich nicht von dem ernährt, was es mag, sondern von dem, was es hat; und sie haben einen steinigen Boden. Bedenken Sie weiter: Die Perser trinken keinen Wein, sondern Wasser. Sie haben weder Feigen zu essen noch sonst etwas Gutes. Sollten Sie Persien erobern, was könnten Sie denen nehmen, die nichts haben? Wenn aber Ihr eigenes Königreich erobert werden sollte, wissen Sie, welche Segnungen Sie wegwerfen."

Mit dem Hinweis auf das Fehlen von Wein und Feigen wollte Herodot offensichtlich zum Ausdruck bringen, dass ein Land, das weder Wein noch Feigen kennt, wild und unkultiviert und deshalb nicht wert sei, das mit einem Eroberungskrieg verbundene Risiko auf sich zu nehmen.

Krösus ließ sich indes nicht umstimmen. Er verlor den Krieg und sein Königreich.

Wärme und Licht in der Vegetationsperiode

Nicht nur die Wintertemperaturen sind für die Feigenkultur von Bedeutung. Als Grundlage für die Photosynthese spielen während der Vegetationsperiode Wärme und Licht – beides durch die Sonne vermittelt – eine wichtige Rolle. Feigen lieben Hitze und Sonnenschein.

Der Effekt hoher Temperaturen und einer großen Lichtintensität besteht zunächst darin, das vegetative Wachstum zu begünstigen. Nicht von ungefähr zeigen sowohl junge als auch erwachsene Feigenbäume ein bemerkenswert kräftiges Wachstum in Wüstenpflanzungen. Viel Wärme und Sonnenschein sind darüber hinaus für das Ausreifen der Feigengenerationen, den guten Geschmack und die Süße der Früchte notwendig.

Wichtiger noch als die Anzahl der Sonnenscheinstunden sind die Temperaturen während der Vegetationsperiode. Im Wesentlichen sind sie es, die das Wachstum der Feigenpflanze und den Reifezeitpunkt sowie den Zuckergehalt der Früchte bestimmen. Dabei kommt es – gerade um Herbstfrüchte ausreifen zu lassen – darauf an, dass die Feige in der Vegetationszeit eine ausreichende Wärmemenge bekommt. Feigenfrüchte benötigen nach dem Austrieb für das Ausreifen der Früchte eine bestimmte, bei den einzelnen Sorten etwas voneinander abweichende Menge an Wärme oberhalb einer Temperaturschwelle, die man – etwas vereinfacht – bei 10 °C ansetzen kann. Diese Temperaturschwelle stellt eine Mindesttemperatur dar, die überschritten werden muss, damit sich die Pflanze und mit ihr die Früchte entwickeln.

Bei der für das Ausreifen der Früchte erforderlichen Wärmemenge geht es genau genommen nicht darum, dass kurzzeitig Spitzenwerte von zum Beispiel über 35 °C erreicht werden. Feigen entwickeln sich bei einer Temperatur von etwa 25 °C am besten. Kühlere Tage und Nächte verzögern die Reife der Früchte. Je länger die Temperaturen nahe am Optimum liegen, desto besser. Ein warmer und sonniger Herbst ist deshalb wichtiger als ein heißer Sommer. Selbst wenn der Sommer optimal ist und sogar ein gewisser „Vorsprung" bei der Entwicklung zu beobachten ist, kann der Herbst das noch kaputt machen. Umgekehrt verlängert ein warmer, sonniger Herbst die Vegetationsperiode und holt einen weniger guten Sommer locker auf. Manchmal ist dann sogar eine Spitzenernte bis Ende Oktober möglich.

Die in Deutschland im Zuge des Klimawandels seit 1881 um etwa 1,5 °C gestiegenen Jahresmittelwerte bringen natürlich auch höhere Temperaturen während der Vegetationszeit mit sich, die das Wachstum der Feigenpflanzen und ein frühzeitiges Ausreifen ihrer Früchte begünstigen.

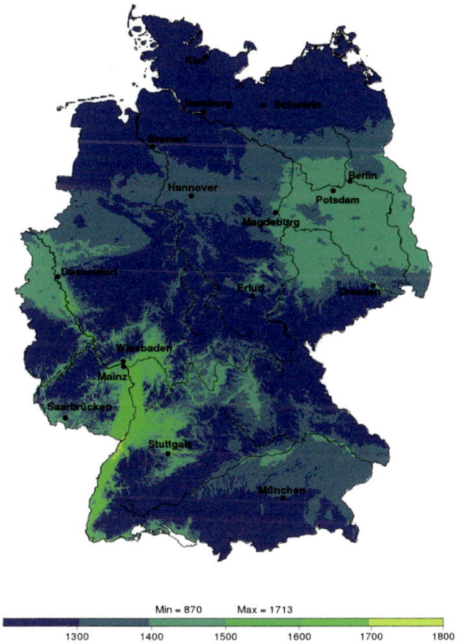

Huglin-Index

Dennoch werden den Ansprüchen der Feige an Wärme und Sonnenschein weiterhin nicht alle Regionen in Deutschland gleichermaßen gerecht. Gerade für die zweite Ernte reicht die Wärme in vielen Regionen Deutschlands noch immer nicht aus. Auskunft über die Wärmemenge in den unterschiedlichen Regionen Deutschlands gibt der – ursprünglich für den Weinbau entwickelte – **Huglin-Index**. Es handelt sich hierbei um die Temperatursumme oberhalb der Temperaturschwelle von 10 °C für den Zeitraum 1. April bis 30. September. In die Berechnung fließen sowohl die Tagesmitteltemperaturen als auch die Temperaturmaxima ein. Die berechnete Summe wird dann noch anhand der geografischen Breite – welche die in nördlichen Breiten erhöhte Tageslänge und damit die Tageslichtdauer berücksichtigt – geringfügig modifiziert.

Die nach dem Huglin-Index ermittelte Temperatursumme bietet eine gute Grundlage für die Einschätzung, in welchen Teilen Deutschlands welche Feigensorten dauerhaft erfolgreich angebaut werden können:

HUGLIN-INDEX H	Feigensorten für das Freiland (jeweils unter der Voraussetzung, dass die lokal zu erwartenden Wintertemperaturen einen Anbau erlauben)
H < 1300	Nur Sorten, die Sommerfrüchte tragen (z. B. Brown Turkey, Desert King)
1300 < H < 1500	Sorten, die Sommerfrüchte tragen (z. B. Brown Turkey, Desert King) + Sorten, die sehr frühe Herbstfrüchte tragen (z. B. Pastilière, Ronde de Bordeaux)
1500 < H < 1800	Sorten, die Sommerfrüchte tragen (z. B. Brown Turkey, Desert King) + Sorten, die nicht zu späte Herbstfrüchte tragen (z. B. Pastilière, Ronde de Bordeaux, Negronne)

Weitere Klimafaktoren

Einfluss auf das Wohlbefinden der Feige haben auch Niederschläge, Wind und Temperaturschwankungen.

Zu geringe Niederschläge stellen eigentlich nirgendwo in Mitteleuropa ein Problem dar. Zum einen gedeihen Feigen, die ja an das sommertrockene Mittelmeerklima angepasst sind, auch in trockenen Gebieten, wo im Jahr nur etwa 500 bis 600 Millimeter Niederschlag fallen. Zum anderen kann in ausgeprägten Dürreperioden immer noch gewässert werden.

Zu viel Regen ist hingegen eher schädlich. Über längere Zeit anhaltende Niederschläge verzögern, weil die Sonnenscheinstunden fehlen, die Fruchtreife. Was trotzdem reift, schmeckt weniger gut, platzt auf und verdirbt schneller. Rissbildung ist das Ergebnis plötzlicher Veränderungen im inneren Fruchtdruck, der durch kühle Temperaturen und/oder hohe Luftfeuchtigkeit verursacht wird.

Anhaltende Niederschläge stellen wie starker Wind und große Temperaturschwankungen Stressfaktoren dar, welche einige Feigensorten veranlassen, ihre Früchte in der Vegetationsperiode vorzeitig abzuwerfen. Erst recht gilt das, wenn mehrere dieser Faktoren zusammenkommen. Für das Abwerfen kann ein später Frosteinfall aber auch schon allein ausreichen.

In der Reifephase kann starker Wind das Laub peitschen und so zu Narbenbildung an den Früchten führen, besonders bei Sorten wie *Dottato* und *Brown Turkey*. Auch Hagel kann sich so auswirken. Letztlich sind das aber eher ästhetische Beeinträchtigungen. Gefährlicher ist, dass starker Wind den Feigen Wärme entzieht. Vor allem für Jungpflanzen ist daher bei einem exponierten Standort ein Windschutz empfehlenswert.

Sykeus

Nach der griechischen Mythologie wurden Sykeus und seine Mutter Gaia im Gigantenkrieg, einem Aufstand gegen die olympischen Götter, von Zeus verfolgt. Als Sykeus vom Blitz des Zeus getroffen wurde, verwandelte Gaia, selbst eine Göttin, ihren sterblichen Sohn in einen Feigenbaum, um ihn zu retten und in der Gestalt des Feigenbaums weiterleben zu lassen.

In der Legende kommt der in der Antike verbreitete Volksglaube zum Ausdruck, der Feigenbaum besitze wie der Lorbeer die Macht, Blitze abzuwenden.

KULTUR

Freilandkultur

PFLANZUNG

Möchten Sie eine zunächst im Topf gezogene oder eine zugekaufte Feige ins Freiland auspflanzen, sollten Sie Folgendes beachten:

Pflanzgut

In der Regel werden Feigenpflanzen bei uns im Container angeboten. Wenn sie eine solche Containerpflanze kaufen, sollten Sie darauf achten, dass die Feige gut durchgewurzelt ist, damit sie ohne Schwierigkeiten anwächst. Das ist nur bei einem ausreichend großen Topf zu erwarten. Und wenn Sie unter den Topf schauen, sollten da schon ein paar Wurzeln an den Löchern rausgucken. Prüfen Sie beim Feigenkauf auch, wie die Blätter von unten aussehen. Da die meisten Feigen bis zu ihrem Verkauf im Gewächshaus stehen, werden sie gelegentlich von Schädlingen befallen, die eventuell nur an der Blattunterseite auftreten.

In weniger wintermilden Gebieten ist es ratsam, den Obstbaum erst im Alter von zwei bis drei Jahren ins Freiland auszupflanzen. Erst dann sind die Wurzeln und das Holz so weit ausgereift, dass die Feige den Winter im Garten überlebt.

Wie viele Triebe die Jungpflanze besitzt, spielt kaum eine Rolle – solange sie gesund und kräftig ist. Soll die Feige als Busch wachsen, bilden sich bei den meisten Sorten später ohnehin genügend Wurzeltriebe. Und bei einer Erziehung zum Baum oder Fächer lässt sich der gewünschte Pflanzenaufbau über den Schnitt herbeiführen.

Standort

Im Mittelmeerraum wachsen Feigen fast überall, selbst in Felsspalten oder Mauerritzen.

Das zeigt, wie anpassungsfähig Feigen sind. Zu beachten ist allerdings, dass Feigenbäume sehr wärmeliebend sind. In unseren Breiten kann es der Feige in den Sommermonaten gar nicht heiß und sonnig genug werden. Wählen Sie deshalb die sonnigste und wärmste Stelle in Ihrem Garten, wenn Sie einen Feigenbaum pflanzen. Je mehr Sonne und Hitze der Baum erhält, desto

- ***besser wird er wachsen; die Pflanzen wachsen in der Regel am schnellsten, wenn die Temperaturen zwischen 26 und 33 °C liegen und die Nächte warm sind,***
- ***besser wird das Holz ausreifen***
- ***und desto mehr Früchte wird er produzieren und desto wahrscheinlicher werden die Früchte ausreifen.***

Feigensämlinge auf Sizilien

Feigenbäume gedeihen dort am besten, wo sie täglich mindestens sechs, besser acht Stunden volle Sonne bekommen.

Einen Nachteil hat ein sonniger Standort aber doch: Die Feige ist hier auch der Wintersonne ausgesetzt und steht früher als an einem schattigen Standort im Saft. Das macht sie anfälliger für Spätfröste. Daraus muss man nicht den Schluss ziehen, die Feige vorsichtshalber doch an einen weniger sonnigen Platz zu pflanzen. Wohl aber sollte man in der kritischen Zeit – also im April – die Wetterprognose im Auge behalten und bei erwartetem Spätfrost für einen vorübergehenden Schutz sorgen.

Weiter ist darauf zu achten, dass der Baum ein Plätzchen erhält, das vor Wind, vor allem kaltem Nordostwind, schützt. Dabei spielt es eine geringere Rolle, dass die großen Feigenblätter viel Angriffsfläche bieten. Bedeutsamer ist, dass der Wind zu starker Abkühlung bis tief ins Holz führt, was dazu führen kann, dass Triebe erfrieren oder Früchte in einem frühen Wachstumsstadium abgeworfen werden. Nebenbei steigert Wind auch

Feigenbusch mit Laub

den Wasserbedarf. Bei gefrorenem Boden kann jedoch die Feige kein Wasser aufnehmen. Sie kann deshalb vertrocknen. Oft entsteht dann der Eindruck, die Pflanze wäre erfroren.

Beiden Grundbedürfnissen der Feige – viel Wärme und wenig (kalter) Wind – wird man gleichzeitig gerecht, indem man sie an eine Hauswand, am besten nach Süden oder Südwesten ausgerichtet, oder in einen hellen Innenhof pflanzt. Optimal ist ein Standort an einer hell gestrichenen Hauswand – eine andere Mauer tut es auch –, die ganztägig von der Sonne beschienen wird. Das Mauerwerk dient dann gleichzeitig als Windschutz und als Wärmespeicher – für die von der Sonne eingefangene Wärme und auch für die Abwärme des Hauses. Unter diesen mikroklimatischen Bedingungen wächst eine Feige besonders gut: Sie wird größer als ihre frei ausgepflanzten Verwandten, übersteht den Winter besser und ihre Früchte reifen früher. Letzteres kann in einem kühlen Sommer darüber entscheiden, ob Herbstfeigen rechtzeitig reif werden.

Besonders stark profitiert natürlich eine Feige, die an der Hauswand als Spalier gezogen wird.

In geschützter Lage können sich Feigen zu Prachtbäumen entwickeln. Hier ein Exemplar im Botanischen Garten von Münster (Westfalen).

An eine Mauer geschmiegtes Feigenspalier

Wenn Sie einen Feigenbaum gegen eine Hauswand pflanzen, beachten Sie, dass er starke Wurzeln entwickelt und dass er eventuell in die Abflussrohre eindringen und diese beschädigen kann. Wenn Ihr Haus sehr alt ist, werden die Wurzeln außerdem versuchen, in vorhandene Lücken im (mageren) Mörtel einzudringen. Bei neueren Gebäuden ist das Risiko gering.

Findet sich kein Platz an einer Hauswand, ist die nächstbeste Möglichkeit, die Feige an der Südseite eines Hanges zu pflanzen.

Ein weiterer Tipp zur Standortwahl: Ein neuer Feigenbaum sollte nicht auf den Wurzeln des alten gepflanzt werden.

Die Seher Kalchas und Mopsos

Eine Legende weist auf die Fruchtbarkeit des Feigenbaumes hin: Kalchas, der aus Troja zurückgekehrte Weissager der Griechen, ruhte sich unter einem wilden Feigenbaum aus. Dabei fragte er einen anderen Seher, Mopsos, wie viele Feigen sich auf dem Baum befänden. Mopsos antwortete: „Zehntausend außer einer, und ein einziges Schiff wird sie alle aufnehmen.“ Als die Feigen geerntet wurden, erwies sich das als richtig. Kalchas war über die offensichtliche Überlegenheit des anderen Sehers so beschämt, dass er dahinsiechte und starb.

Ansprüche an den Boden

Wer auf seinen Reisen durch mediterrane Länder Ausschau nach Feigen hält, gewinnt schnell den Eindruck, dass Feigen dort auf nahezu jedem Untergrund wachsen. Sei es am Rand von geschotterten Autopisten, aus Spalten geteerter Flächen oder zwischen den Steinen von Mauerwerken. Auch bei uns sind ausgepflanzte Feigen genügsam und anspruchslos, was den Untergrund betrifft. Sie passen sich verschiedenen Bodenarten gut an und können in fast jeder Art von Boden wachsen, darunter auch schwerem Ton. Feigenpflanzen sind tolerant gegenüber armen Böden und gelten als recht salzverträglich.

Vorlieben haben sie dennoch.

- *Im Freiland bevorzugen sie gut durchlässige Böden. Idealerweise sollte der Boden zumindest in den oberen 100 Zentimetern gut drainiert sein. Der Boden darf nicht zu feucht sein, da die Wurzeln der aus Trockengebieten stammenden Pflanze leicht faulen. Gegen* ***Staunässe*** *und übermäßige Feuchte ist der Feigenbaum* ***empfindlich****. Eine gute* ***Drainageschicht*** *(zum Beispiel Schotter, Kies) ist daher von Vorteil.*
- *Feigen tolerieren Böden mit einem pH-Wert zwischen 5,5 und 8,0, also leicht saure bis leicht alkalische, also kalkhaltige Böden. Am besten wachsen sie in Böden mit einem pH-Wert zwischen 6,0 und 7,8. Wenn der pH-Wert niedriger als 6,0 ist, sollte Kalk zugeführt werden, etwa über ein Ausstreuen von granuliertem/körnigem Kalk auf die Oberfläche.*
- *Sie lieben Böden mit hohem Anteil an organischer Substanz (Humus), Komposterde ist gut geeignet, ebenso wie nährstoffreiche Böden. Die Feige bevorzugt einen tiefgründigen lockeren Boden. Einen zu festen Boden bestraft der Baum mit Kümmerwuchs.*
- *Feigenbäume wachsen am besten in leicht sandigem Boden. Sandige Böden erwärmen sich früher im Jahr und verlängern so die Vegetationsperiode. Schwerer und feuchter Boden ist schlecht für die Frosthärte (das gilt für viele Pflanzen, besonders für viele Südländer). Unter anderem verholzen die Triebe lange nicht so gut wie in trockeneren und leichteren Böden. Gleichzeitig kann die Fruchtqualität leiden (bei einigen Sorten).*

Abstand

Pflanzen Sie die Bäume in Abständen, die ihrer späteren Größe in ausgewachsenem Zustand entsprechen. Unter den richtigen Bedingungen kann ein Feigenbaum ziemlich groß werden und alles, was darunter wächst, beschatten. Je nach Sorte kann eine ausgewachsene Feige in Mitteleuropa bis zu fünf bis sieben m² bei Bäumen von kleiner Entwicklung in Anspruch nehmen. Für eine voll ausgewachsene Ronde de Bordeaux müssen Sie gar bis zu 40 m² veranschlagen. Feigen auf einer das Wachstum einschränkenden Unterlage sind – anders als bei Äpfeln – nicht verfügbar.

Abhängig vom Wuchsverhalten der Sorte (schwach- oder starkwüchsig), von der Feuchtigkeit und Fruchtbarkeit des Bodens und den gewünschten Ergebnissen betragen die üblichen Pflanzabstände im Obstgarten fünf bis sieben Meter zwischen den Reihen und vier bis sechs Meter zwischen den Pflanzen in der Reihe. Das deckt sich ungefähr mit dem Abstand, den der Athener Staatsmann Solon nach Angaben des antiken Schriftstellers Plutarch um 600 v. Chr. in einem Dekret festgelegt haben soll. Danach sollte niemand einen Feigenbaum in einem Abstand von weniger als 2,70 Metern zur Grundstücksgrenze pflanzen, da dessen Wurzeln das Wachstum der Bäume eines Nachbarn beeinträchtigen könnten.

Bei schwachwüchsigen Sorten oder strengem Schnittregime kommt auch eine dichtere Bepflanzung mit Abständen von nur zwei bis drei Metern in Betracht. Das wird zum Beispiel in Israel erfolgreich praktiziert.

An einer Mauer erzogene Feigen benötigen Pflanzlöcher, die etwa 25 Zentimeter von der Mauer entfernt sind.

Die beste Pflanzzeit

Um es der Feige zu ermöglichen, viele tiefe Wurzeln zu bilden, die über den Sommer im Erdreich richtig Fuß fassen und sich bis zur ersten Kälte im Spätherbst etablieren, ist es ratsam, den Baum im Frühjahr – bis Ende Mai

– und nicht im Herbst auszupflanzen. Warten Sie mit der Pflanzung bis nach den Eisheiligen, bis also definitiv kein Spätfrost mehr zu erwarten ist.

Pflanzvorgang

Die Art und Weise, wie ein Feigenbaum gepflanzt wird, unterscheidet sich kaum von der für andere Laub abwerfende Obstbäume.

- *Heben Sie das Pflanzloch etwas tiefer aus als den vorhandenen Wurzelballen (den Bodenklumpen, der die Wurzeln umgibt) und mit mindestens dem doppelten Umfang.*
- *Lockern Sie den Boden an den Seiten des Lochs mit einer Grabegabel, besonders wenn Ihr Boden aus schwerem Lehm besteht.*
- *Schneiden Sie beschädigte Wurzeln zurück.*
- *Eines mögen Feigen gar nicht – Staunässe. Bei schwerem Boden ist daher in der Pflanzgrube eine einige Zentimeter dicke Drainageschicht aus Blähton, Tonscherben, grobem Sand oder Kies empfehlenswert.*
- *Bilden Sie dann in der Mitte des Lochs einen Kegel aus lockerer Erde und breiten Sie die Wurzeln darauf aus.*
- *Als Schutz vor Austrocknen und Kälte und weil sie leicht Wurzeln aus ihren Trieben bildet, wird die Pflanze tiefer gepflanzt, als sie im Topf gewachsen war. Positionieren Sie die Pflanze deshalb in der Höhe so, dass sich die Krone (wo die Wurzeln auf den Stamm treffen) fünf bis zehn Zentimeter unter der fertigen Bodenoberfläche befindet.*
- *Drehen Sie die Pflanze so, dass sie am besten aussieht.*
- *Füllen Sie das Pflanzloch nach und nach auf und bedecken Sie den Wurzelballen mit aus dem Loch entnommenem Boden, der mit ungefähr 25 Prozent Kompost ergänzt wurde. Schütteln Sie die kleine*

Feige dabei immer wieder sanft, damit alle Räume zwischen den Wurzeln mit Substrat gefüllt werden. Treten Sie die Erde vorsichtig fest, so dass die Pflanze guten Halt findet.

- *Schwemmen Sie das Gehölz im Anschluss gründlich ein – sogar dann, wenn es regnet. Legen Sie dazu einen einige Zentimeter tiefen Gießrand rund um das Pflanzloch an und füllen Sie diesen mehrfach mit Wasser. Die Flüssigkeit versickert und gelangt direkt zu den Wurzeln, so dass diese gut eingeschwemmt werden. Sollte das Laub noch nicht erschienen sein, gießen Sie in der Zeit danach nicht zu viel. Benetzen Sie eher den oberirdischen Teil, auch wenn nur Holz vorhanden ist, um ein Austrocknen zu vermeiden.*
- *Nach englischen Erfahrungen soll der Ertrag höher ausfallen, wenn der Wurzelraum begrenzt wird. Zu diesem Zweck kann man als Pflanzloch einen unterirdischen Schacht (60 Zentimeter im Quadrat) anlegen, bei dem eine Drainageschicht besonders wichtig ist, da ja eindringendes Wasser nicht zur Seite ablaufen kann. Bei Feigen, die in einem solchen Schacht wachsen, kann der Pflanzabstand auf bis zu 1,80 Meter verringert werden.*

Wie lange dauert es, bis eine Feige angewachsen ist?

Eine aktuelle Studie zur Wurzelbildung von Feigenbäumen drei Jahre nach dem Pflanzen hat eine effiziente und schnelle Etablierung des Wurzelsystems gezeigt. Eine gute Nachricht für alle, die einen Feigenbaum pflanzen wollen!

Das Wasser des Flusses Neda

Der antike griechische Schriftsteller Pausanias berichtet von einem griechischen Orakel, das voraussagte, dass die Messenier im Kampf mit den Spartanern vom Himmel verlassen würden, wenn eine Ziege (Tragos) das Wasser des Flusses Neda trinken sollte. Alle Ziegen wurden daher aus dem Land vertrieben. In Griechenland wuchs jedoch die wilde Feige, auch Tragos (Bocksfeige) genannt. Ein solcher Baum am Ufer der Neda tauchte seine Zweige ins Wasser. Da auf diese Weise ein Tragos das Wasser getrunken hatte, wurden die Messenier bald darauf besiegt.

BODENPFLEGE

Für ein vitales Wachstum und beste Ernteergebnisse sollte der Wurzelbereich einer Feige frei von Unkraut oder Gras gehalten werden, damit es zu keiner Konkurrenz um Bodenfeuchtigkeit und Nährstoffe kommt. Die **Bodenbearbeitung** sollte man dabei aber auf ein Minimum beschränken, weil die Feige flach wurzelt und Beschädigungen ihres ausgedehnten Wurzelsystems weniger gut als andere Gehölze verkraftet.

Die beste Bodenpflege besteht darin, unter Feigenbäumen eine dicke **Mulchschicht** aus organischem Material über den größten Teil des Jahres kontinuierlich aufrechtzuerhalten. Bäume gut gemulcht zu halten, hilft dabei, Unkräuter nicht aufkommen zu lassen, Temperaturschwankungen des Bodens abzumildern, die Bodenfeuchtigkeit zu erhalten und die Stämme und Wurzeln vor tiefen Wintertemperaturen zu schützen.

Im US-Bundesstaat Mississippi erzeugten Bäume, die mit Stroh gemulcht wurden, 95 Prozent mehr Früchte und 50 Prozent mehr Laub als die in nackten Kulturparzellen. Die Bäume in den Mulchflächen wiesen auch eine bessere Kälteresistenz auf. Bei Mulchkultur produzierten die Bäume fast doppelt so große Früchte wie bei nacktem Boden.

Es stört nicht, wenn der Mulch an die Stämme des Baumes reicht, da die Feigen leicht darin wurzeln. Die Mulchschicht darf auch ruhig einige Zentimeter dick ausfallen. Nur im Winter rate ich zu einer dünneren Schicht, damit sich keine Mäuse einnisten. Im März kann man den Mulch vorübergehend einige wenige Wochen abräumen, weil sich nackter Boden schneller erwärmt und die Vegetationsperiode so etwas früher beginnt.

Wenn einen die Mulchschicht aus optischen Gründen stört, geht es letztlich auch ohne. Auch mit dem Freihalten des Wurzelbereichs von konkurrierenden Pflanzen muss man es nicht allzu genau nehmen: Unter der Feige kann man sehr gut Frühblüher wie Krokusse, Blausternchen oder Hasenglöckchen ansiedeln. Weil diese Zwiebelpflanzen schwach wachsen und nur im Frühling präsent sind, nehmen sie der Feige kaum Nährstoffe weg. Sie sind aber hübsch anzuschauen.

Dionysos

Der von den antiken Griechen verehrte Gott Dionysos wollte zum Hades hinabsteigen, um seine Mutter Semele zu retten. Der Hirte Prosymnos, der in der Nähe des angeblich bodenlosen, für Schwimmer gefährlichen Alcyonian-Sees auf der Peloponnes lebte, führte ihn zum Eingang, indem er ihn in die Mitte des Sees ruderte. Die Belohnung, die Prosymnos für diesen Dienst forderte, war das Recht, später mit Dionysos Sex zu haben.

Als jedoch Dionysos auf die Erde zurückkehrte, stellte er fest, dass Prosymnos inzwischen verstorben war. Dionysos schnitzte daraufhin ein Stück Feigenholz zu einem Phallus und machte von diesem Dildo, auf Prosymnos´ Grab sitzend, Gebrauch. So beglich er auf rituelle Weise die Schuld gegenüber Prosymnos.

Diese Geschichte wird von keiner der üblichen Quellen griechischer mythologischer Erzählungen vollständig erzählt, obwohl einige darauf hindeuten. Sie ist anhand von Angaben christlicher Autoren, darunter Clemens von Alexandria, rekonstruiert. Diese müssen allerdings mit Vorsicht behandelt werden, weil sie die heidnische Mythologie in Misskredit bringen wollten.

Die Anekdote erklärt die großen Phalli aus Feigenholz, die bei Prozessionen zu Ehren von Dionysos gezeigt wurden. Im Rahmen einer solchen Prozession soll 275 v. Chr. in Alexandria, das, obwohl in Ägypten gelegen, damals zum griechischen Kulturkreis gehörte, ein etwa 55 Meter langer Phallus durch die Stadt gezogen worden sein.

DÜNGEN

Bei den meisten Obstgehölzen ist ein regelmäßiges Düngen unverzichtbar, um einen befriedigenden Fruchtertrag zu erzielen. Bei Feigen liegen die Dinge etwas anders. Wegen seines leistungsfähigen Wurzelsystems kommt ein Feigenbaum normalerweise selbst auf weniger nährstoffreichen Böden ohne Düngung aus. In den traditionellen, extensiv bewirtschafteten Obstgärten des Mittelmeerraums erhalten Feigenbäume nur selten tierische oder mineralische Düngemittel, tragen aber dennoch zuverlässig Früchte. Zwar gibt es Berichte darüber, dass eine gelegentliche Düngergabe zu einer Ertragssteigerung führen kann. Das scheint plausibel: Vor allem die Zufuhr von Stickstoff erhöht die Wüchsigkeit eines Feigenbaumes und damit auch seine photosynthetische Kapazität. Das ist auf den ersten Blick ein wünschenswerter Effekt, scheint doch ein üppig wachsender Baum auch mehr und größere Früchte bilden zu können. Ganz so einfach ist es aber doch nicht. Ein üppiges vegetatives Wachstum des Feigenbaums geht nicht automatisch mit einer gesteigerten Fruchtproduktion einher. Bei zu viel Stickstoff bildet der Baum zwar kräftige Triebe und viele schöne Blätter. Manche Feigensorten neigen aber dazu, darüber die generative Entwicklung zu vernachlässigen, also nur wenige oder gar keine Früchte zu bilden. Das haben Versuche mit der bei uns am weitesten verbreiteten Sorte *Brown Turkey* gezeigt. Die gut gemeinte Düngung kann also durchaus in ihr Gegenteil umschlagen. Wenn ein Feigenbaum zwar jedes Jahr wunderbar austreibt, aber **nie Früchte** entwickelt, kann man **probieren**, ob er Früchte ansetzt, wenn man **nicht mehr düngt**.

Vorsicht bei der Düngung ist umso mehr angezeigt, als ein Übermaß an Stickstoff noch weitere Nachteile hat. Die kräftigen Triebe, welche die Düngung hervorbringt, tendieren dazu, zwar große, aber weniger schön gefärbte Früchte zu tragen, die zudem anfälliger für Risse und Säuerung sind. Die Häufigkeit des Aufplatzens soll auch durch einen gesteigerten Kaliumspiegel erhöht werden.

In unserem Klima wiegt allerdings ein anderer Aspekt noch schwerer. Um unsere, im Vergleich zum Mittelmeerraum sehr kalten Winter ohne größere Schäden zu überstehen, muss das Holz der Feigen zum Zeitpunkt der ersten Herbstfröste gut ausgereift sein. Im Vergleich zu grünen krautigen Trieben ist gut ausgereiftes Holz im Winter auch weniger anfällig für Pilzbefall. Ein solches Ausreifen des Holzes muss man nicht herbeihoffen; man kann es selbst beeinflussen. Das Zauberwort dafür lautet: langsames Wachstum. Je langsamer ein Feigenbaum wächst, desto besser verholzen die Triebe und reifen aus. Und ein Feigenbaum wächst langsamer, wenn er nicht allzu viel Wasser erhält und nur moderat mit Nährstoffen, vor allem mit Stickstoff, versorgt wird. Durch einen weitgehenden Verzicht auf Bewässerung und Düngung können wir deshalb die Winterhärte unseres Feigenbaumes deutlich verbessern. Umgekehrt setzen wir ihn einem gesteigerten Risiko gravierender Winterschäden aus, wenn wir ihn zu üppig versorgen.

Was heißt das nun für die Praxis? Gegen etwas auf die Oberfläche aufgebrachten Kompost oder grobes organisches Material wie Pferdedung mit hohem Strohanteil spricht nichts. Eine solche Maßnahme, die entweder im Herbst oder bei Vegetationsbeginn im April erfolgen sollte, ist zum Erhalt oder bei Böden mit geringer organischer Substanz zur Verbesserung der Bodenfruchtbarkeit durchaus sinnvoll.

Eine darüber hinausgehende Düngung sollten nur solche Bäume erhalten, die durch blasse oder ungleichmäßige Laubfarbe oder durch schwaches Triebwachstum Bedarf an Dünger zeigen. Als Regel gilt, dass ein Trieb – die Unterschiede bei den einzelnen Sorten außer Acht lassend – schwach wächst, wenn das neue Wachstum über eine vollständige Vegetationsperiode weniger als 15 Zentimeter beträgt.

Zeigt die Pflanze von sich aus Düngebedarf an – was nur ausnahmsweise der Fall sein wird, sollten Sie darauf mit einer Düngergabe reagieren. Wenn Sie mineralischen Dünger verwenden – was auch in wasserlöslicher Form möglich ist –, sollten Sie auf das richtige Verhältnis von Stickstoff (N), Phosphor (P) und Kalium (K) achten. Zu viel Stickstoff sollte der Dünger aus den dargelegten Gründen nicht enthalten. Ein handelsüblicher Obst- oder Beerendünger weist meist ein NPK-Verhältnis von 4-8-12 auf. Das ist für Feigen im Allgemeinen gut geeignet. Die ausgebrachte Menge könnte dann – eine Mangelsituation vorausgesetzt – bei 100 bis 150 Gramm je Jahr und Quadratmeter liegen. Sollte ein Dünger mit einem NPK-Verhältnis von 10-20-25 zum Einsatz kommen, reichen 50 bis 70 Gramm je Jahr und Quadratmeter aus.

Ganz wichtig ist, dass die Düngung – auch eine mit Kompost – keinesfalls sehr spät in der Vegetationsperiode erfolgt. Wird nach Mitte August noch gedüngt, besteht die Gefahr, dass das Wachstum noch einmal angeregt wird, aber bis zum ersten Frost nicht mehr genug Zeit für das Ausreifen der Triebe verbleibt. In Regionen mit kurzer Vegetationsperiode kann es empfehlenswert sein, schon ab Juli auf ein Düngen zu verzichten.

Ein letzter Hinweis zum Düngen: Wegen des weit ausgreifenden Wurzelwerks der Feige muss der Dünger unter den Ästen des Baumes platziert werden, statt ihn um den Fuß des Baumes zu konzentrieren.

Olympische Spiele

Bei den Olympischen Spielen der Antike sollen sich die Athleten vorzugsweise von getrockneten Feigen, feuchtem Käse und Weizen ernährt haben.

Siegreiche Athleten erhielten einen Kranz aus Olivenzweigen als Kopfschmuck. Auch wurde ihnen eine Statue aus Zypressen- oder Feigenholz gesetzt. Es gibt schließlich Berichte, dass die Sieger auch mit Feigenkränzen behängt und ihnen Feigen zu essen gegeben wurden.

BEWÄSSERUNG/WASSERBEDARF

Aufgrund ihres sehr umfangreichen und weit reichenden Wurzelsystems sind viele Feigenpflanzen ziemlich trockenheitstolerant, sobald die Pflanzen einmal etabliert sind und ein leistungsfähiges Wurzelsystem entwickelt haben. Sie tolerieren dann trockenere Bedingungen als die meisten

Obstbäume. Selbst in Regionen, die für mitteleuropäische Verhältnisse eher trocken sind, brauchen sie meist nicht mehr regelmäßig gegossen zu werden. Erst recht gilt das, wenn man im Frühjahr eine 10 bis 15 Zentimeter dicke Mulchschicht aus organischem Material auf die Baumscheibe ausbringt, die hilft, die Bodenfeuchtigkeit zu erhalten.

Zu viel Feuchtigkeit kann sogar schaden. Feigen darf man allenfalls etwas feucht, **keineswegs** aber **nass** halten. Feigen vertragen vor allem keine Staunässe – also unbedingt auf eine gute Drainage achten.

Auch ohne Staunässe führt – wie Experimente gezeigt haben – reichlich vorhandenes Wasser zu einem starken vegetativen Wachstum, das bei einigen Sorten auf Kosten der Fruchtbildung geht. Sehr groß werdende Bäume sind zudem schwerer zu beernten. Ein feuchter Boden bewirkt auch, dass Früchte groß und wässrig werden und zu Fäulnis neigen. Während der Reifephase führt ein plötzlicher Anstieg der Wasserversorgung – etwa durch **Überwässerung** – oft zum **Aufreißen der Fruchthaut**.

Es gibt aber auch Ausnahmefälle, in denen eine Bewässerung der Feigenpflanzen sinnvoll und sogar geboten ist:

Dabei geht es zunächst um Feigen, die in Töpfen kultiviert werden, und um Jungpflanzen. In den ersten Jahren sollten junge Feigenbäume regelmäßig bewässert werden, damit sie gut anwachsen. Das sollte immer dann geschehen, wenn die Bodenoberfläche leicht ausgetrocknet ist.

Bei bereits etablierten Feigenpflanzen kann sich das Bewässern auf ausgedehnte Trockenperioden während der Wachstumsphase zwischen Mai und September beschränken. Der Wasserbedarf des Feigenbaums ist in voll belaubtem Zustand aufgrund der großen Blätter so hoch, dass das flache Wurzelsystem bei anhaltender Trockenheit Probleme bekommt, eine adäquate Versorgung zu gewährleisten. Auch der Bodentyp spielt dabei eine Rolle. Leichte Sandböden trocknen besonders schnell aus. Dass eine Feige unter Wassermangel leidet, erkennt man daran, dass die großen Blätter dann etwas schlaff hängen. Wiederholte oder extreme Trockenheit führt zum Reifestopp der Früchte, zu braunen Blatträndern und im Extremfall zu Fruchtverlust und Blattfall. Während der Fruchtbildung, insbesondere im Juni/Juli, benötigen Feigen mehr Wasser als sonst. Trockenheit kann in dieser Phase zu kleinen, saftlosen „Frucht-Attrappen" führen. Auch kann die Ruhephase verfrüht einsetzen.

Nach meinen Erfahrungen benötigen einige Feigensorten mehr Wasser als andere: In unserem Garten wächst eine Pflanze der Sorte *Dottato* auf begrenztem Raum und sandigem Boden. Unter solchen Bedingungen würden fast alle Pflanzen und auch die meisten Feigen in Trockenperioden nach Wasser lechzen. Unsere *Dottato*-Pflanze hingegen wächst bei noch so großer Trockenheit munter weiter – wahrscheinlich spielt ihre Herkunft aus dem Süden Italiens dabei eine Rolle. Auf der anderen Seite lassen unsere *Brown-Turkey*-Pflanzen, und zwar auch die etablierten Altpflanzen, bei längerem Ausbleiben von Regen die Blätter hängen. Die von der französischen Atlantikküste stammenden Sorten *Pastilière* und *Ronde de Bordeaux* reagieren noch empfindlicher. Werden sie in Trockenperioden nicht bewässert, werden die unteren Blätter gelb und fallen schließlich vorzeitig ab.

Bei **anhaltender Trockenheit** empfiehlt es sich deshalb, **abends** vorsorglich ein bis zwei Gießkannen Wasser zu geben. Gießen sie **kräftig**, aber in **größeren Abständen**. Also lieber seltener, aber gründlich gießen. Wassergaben sollte man so dosieren, dass der gesamte Wurzelballen durchfeuchtet wird. Damit das Wasser in die Tiefe dringen kann, sollte der Boden locker sein. Die nächste Wassergabe erfolgt, wenn die Blätter erneut zu hängen beginnen.

Bei trockener Luft mag es die Feige, wenn sie abends mit Wasser besprüht wird. Sie nimmt nämlich auch viel Feuchtigkeit über ihre Blätter auf.

Zusätzliche Wassergaben sind schließlich dann angezeigt, wenn eine Feigenpflanze kaum wächst. Ein schwaches Wachstum von Feigenbäumen und der daraus resultierende Mangel an Laub sind oft auf einen Mangel an Bodenfeuchtigkeit zurückzuführen. Wenn junge Feigenbäume in den

Ertrag kommen, ist der Baum selbst der beste Indikator für seinen Wasserbedarf. Für im Ertrag stehende Bäume vieler Sorten bedeutet ein moderates Wachstum eine Zunahme der endständigen Triebe um etwa 12,5 bis 18 Zentimeter pro Saison.

Hinsichtlich der Wasserqualität ist der Feigenbaum im Vergleich zu anderen Obstbäumen weniger anspruchsvoll. Wie die meisten Pflanzen bevorzugt die Feige beim Gießen möglichst kalkarmes Wasser. Am besten ist Regenwasser. Zu viel Kalk bestraft die Feige mit Blattabwurf. Viele Feigengärtner gießen dennoch ohne Probleme mit normalem Leitungswasser.

Xerxes

Der persische Großkönig Xerxes I. hatte im Jahr 480 v. Chr. die Seeschlacht bei Salamis gegen die Griechen verloren und daraufhin die Eroberung Griechenlands aufgeben müssen. Er konnte das nie verwinden. Zu jeder Mahlzeit ließ er sich fortan Feigen aus Attika servieren, um daran erinnert zu werden, dass er nicht das Land besaß, in dem diese Früchte wuchsen.

ERZIEHUNG UND SCHNITT

Erziehung und Schnitt überschneiden sich. Die Erziehung einer Feige, also ihre Formgebung, erfolgt überwiegend durch Schnitt.

Eine andere, weniger verbreitete Methode ist das Biegen kräftiger, aufrechter Zweige von einer vertikalen in eine horizontale Position, um die Bildung von Seitentrieben anzuregen.

Eine Feigenpflanze benötigt nicht viel Schnitt, verträgt ihn aber. Allgemein reagieren Feigen auf ein starkes Beschneiden mit einem starken vegetativen Wachstum. Bei einigen Sorten, wie *Dottato* und *Brunswick*, geht dieses üppige Wachstum – wie schon der griechische Naturforscher *Theophrast* im 3. Jahrhundert vor Christus beobachtete – mit einem gesteigerten Ertrag einher. Bei anderen Sorten ist es umgekehrt. Bei ihnen gehen ein starker Schnitt und das dadurch angeregte vegetative Wachstum auf Kosten der Fruchtbildung.

Stark geschnitten kann eine Feige sogar aus sehr dickem Holz neue Triebe bilden. Diese Schnittverträglichkeit gibt dem Gärtner viel Gestaltungsspielraum, macht aber eine Grundsatzentscheidung nötig: Wie weit will man auf dem Weg einer konsequenten Ertragsoptimierung durch Erziehung und Schnitt unter Inkaufnahme einer sichtlich erzwungenen, unnatürlichen Wuchsform gehen? Oder umgekehrt: Wie weit will man dem natürlichen Wuchsverhalten seinen Lauf lassen?

BAUM ODER STRAUCH?

Das führt zu einer ersten Frage: Soll die Feige als **Baum mit Einzelstamm** wachsen **oder** als **mehrtriebiger Strauch**? Im Mittelmeerraum wachsen Feigen meist als Bäume, die eine Höhe von 15 Metern erreichen können. Allerdings tun sie das auch dort in der Regel nicht ohne Einflussnahme eines Gärtners. Feigen neigen nämlich dazu, Wurzeltriebe zu bilden und so zu „verbuschen". Während einige Sorten wie *Ronde de Bordeaux* oder *Dorée* viele Wurzeltriebe hervorbringen, produzieren andere – zum Beispiel *Pastilière* oder *Brunswick* – wenige. Letztlich entwickeln sich aber fast alle Pflanzen ohne unser Eingreifen zu einem mehrstämmigen Busch. Das behindert zwar die Bodenbearbeitung etwas, hat aber einige Vorteile: Die Pflanze bleibt niedriger und ist so leichter abzuernten. Auch können Frostschäden leichter ausgeglichen werden. Geschädigte oder abgestorbene Triebe können innerhalb einer Saison durch neue Bodentriebe ersetzt werden.

Trotz der Vorteile, welche die Strauchform bietet, kann eine Erziehung der Feige als Baum, gerade wenn sie frei steht, aus ästhetischen Gründen gewünscht sein. Das ist leicht zu bewerkstelligen – indem man konkurrierende Bodentriebe und Seitentriebe bis zur gewünschten Höhe entfernt.

Wurzelschösslinge werden von klein auf entfernt: Bei den Seitentrieben gehen die Meinungen auseinander: Manche belassen die aus dem Stamm kommenden Triebe zunächst, so dass der Baum größer und robuster wird.

Andere Gärtner beginnen schon im ersten Jahr, den Baum zu formen, indem sie die Sprosse mit den Fingern unterdrücken, sobald sie erscheinen.

Eine kontinuierliche Entfernung aller Wurzeltriebe ist auch später erforderlich. Es können dann Stecklinge daraus gewonnen werden. Die Wurzeltriebe werden durch Drehen und Abziehen entfernt, sobald sie erscheinen. Werden sie zu lange belassen, werden sie zäh und holzig und sind schwieriger zu entfernen, was oft dazu führt, dass sie am Boden abgeschnitten werden müssen. Leider regt dies dazu an, noch mehr Wurzeltriebe zu bilden. Also seien Sie achtsam und ziehen Sie sie früh ab.

WIE VIEL ERZIEHUNG SOLL ES SEIN?

Als Nächstes ist die Frage zu beantworten: Wie weit will man zum Zwecke der Ertragsoptimierung bei den Schnittmaßnahmen gehen und sich dabei von einer als natürlich empfundenen Wuchsform entfernen? Selbstverständlich gehört zum Obstbau, dass man die Erntemenge und -qualität über den natürlichen Ertrag hinaus zu steigern sucht. Extrem praktiziert, kann das aber eine Baumgestalt zur Folge haben, die ästhetisch kaum befriedigt. Außerdem ist eine **strenge Erziehung** mit erhöhtem Zeitaufwand verbunden. Wie man sich entscheidet, ist auch von persönlichen Prioritäten abhängig. Das Ergebnis der Abwägung kann auf eine strenge Erziehung hinauslaufen, aber auch so ausfallen, dass man die Feige weitgehend frei wachsen lässt.

FÜR ALLE FEIGENPFLANZEN GEBOTENE SCHNITTMASSNAHMEN

Ganz sollte man auf einen **Schnitt der Feigenpflanze** selbst dann nicht verzichten, wenn man von einer rigiden Erziehung absieht: Schwaches, krankes, abgestorbenes oder zu dicht stehendes, sich gar berührendes und sich gegenseitig das Licht wegnehmendes Holz sollte in jedem Fall beseitigt oder ausgedünnt werden. Auch überalterte oder zu hoch gewachsene

Triebe sollten entfernt oder durch Ableiten auf einen jüngeren Seitentrieb eingekürzt werden. All das ist nicht nur unter Erntegesichtspunkten sinnvoll, sondern unterstützt auch ein ästhetisches Erscheinungsbild.

Die Schnittfläche sollte möglichst vertikal und möglichst glatt am nächstgrößeren Ast oder am Stamm sein.

Eine Versiegelung der Schnittfläche mit Baumwachs oder Ähnlichem ist nach heutigen Erkenntnissen nicht geboten, vielleicht sogar kontraproduktiv. Eine Versiegelung der Schnittfläche könnte Keimen und Pilzsporen in die Hände spielen. Der Wechsel zwischen Sonne, Regen, Wärme und Kälte ruft Risse innerhalb der Versiegelung hervor, die pathogene Keime als willkommene Eintrittspforte nutzen. Im angenehmen Mikroklima unter dem Schutzfilm können sie größeren Schaden anrichten, als wenn die Schnittflächen der Witterung ausgesetzt sind. Deshalb kann man guten Gewissens auf eine Versiegelung von Schnittflächen verzichten.

Der Erziehungsschnitt, aber auch das laufende Schnittregime, ist grundsätzlich während des ganzen Jahres, sogar an frostfreien Tagen im Winter, möglich. Als **optimaler Zeitpunkt** gilt jedoch das zeitige Frühjahr, vorzugsweise Anfang März, **vor dem Austrieb**. Zu dieser Zeit drohen keine starken/längeren Fröste mehr. Darüber hinaus ist klar zu erkennen, welche Pflanzenteile während des Winters Erfrierungen erlitten haben. Auch wird ein Ausbluten des Safts vermieden, wenn der Baum noch ruht. Wichtig ist, dass der gewählte Tag frostfrei ist. Idealerweise sollte eine bedeckte Witterung herrschen.

Bei einem Schnitt im Herbst besteht die Gefahr, dass Frostschäden am geschnittenen Ast umso stärker auftreten und während der Wachstumsperiode steht die Pflanze meist stark im Saft.

STRENGE ERZIEHUNGSFORMEN

Eine unser Schönheitsempfinden ansprechende, wenngleich von der natürlichen Wuchsform extrem abweichende Erziehungsform ist das **Fächerspalier**, bei dem die Triebe so geführt werden, dass sie einen ungefähren Fächer bilden.

Zeichnung eines Baumes in Kelchform

Wer die Möglichkeit hat, die Feige an einer sonnigen Hauswand oder Mauer anzupflanzen, ist mit der Spalierform, die zudem in der Tiefe viel Platz spart, hervorragend beraten. Der Feigenbaum wird von der Nähe des Wärme speichernden, Wind abweisenden Mauerwerks profitieren. Nur darf der Besitzer regelmäßigen Schnittaufwand nicht scheuen.

Bei frei stehenden Feigen kann man den Ertrag durch strengen Erziehungsschnitt in anderer Weise optimieren. Wenn vor allem **Sommerfrüchte** angestrebt werden, kann man dem Baum die dauerhafte Form eines **nach innen offenen Kelches** mit einem einzigen Stamm geben. Dazu köpfen Sie den jungen Baum entweder zum Zeitpunkt der Pflanzung oder nach zwei bis drei Jahren, wenn die Pflanze gut angewachsen ist, auf einer Höhe von etwa 15 bis 20 Zentimetern über dem Boden. Dieser Rückschritt sollte dazu führen, dass sich mehrere Triebe bilden. Wählen Sie vier bis fünf davon als Hauptstrukturtriebe aus. Diese sollten sich in Abständen zueinander am Stamm entwickeln und aufrecht wachsen, dabei aber in einem 45-Grad-Winkel zum Stamm nach außen zeigen. Durch dieses Erziehungssystem werden alle Pflanzenteile mit viel Sonnenlicht versorgt. Die gewünschte Größe des Kelches (~ zwei bis drei Meter breit und ein bis zwei Meter hoch) wird nach drei bis vier Jahren erreicht sein. Die niedrige Höhe ermöglicht eine einfache Ernte.

Sobald der dauerhafte Rahmen etabliert ist, kann mit dem jährlichen Winterschnitt begonnen werden,

- ***um ein Wachstum von Trieben zu fördern, an denen sich die Ernte des nächsten Jahres bilden soll, und***
- ***den Baum in einer Größe zu halten, bei der man alle anstehenden Arbeiten auf dem Boden stehend leicht ausführen kann.***

Dabei kürzen Sie von den Trieben, die aus dem permanenten Rahmen wachsen, diejenigen, die im Vorjahr Früchte getragen haben, auf 2,5 Zentimeter ein. Diese Zweige sind zwei Jahre alt und dunkler graubraun gefärbt. Ein bis vier Triebe wachsen im Frühjahr und im Sommer aus dem 2,5 Zentimeter langen Stummel unterhalb des Rückschnittes.
Lassen Sie im nächsten März nur zwei oder drei der stärksten einjährigen Triebe, die aus den 2,5 Zentimeter langen Stämmen wachsen, stehen, um ein Übermaß an Trieben zu verhindern. Diese verbleibenden Triebe werden im laufenden Jahr Früchte tragen.

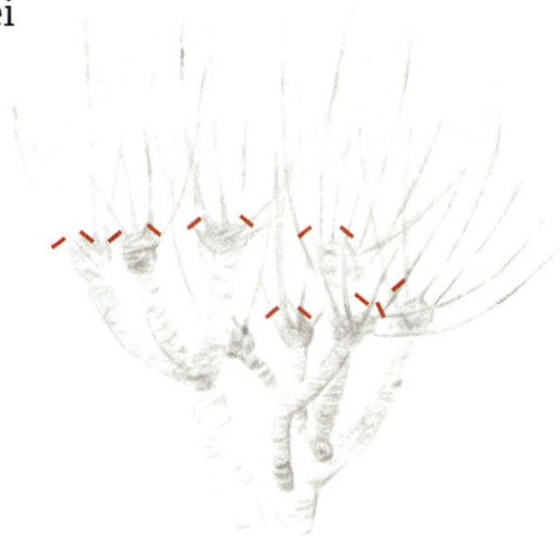

Teilweiser Rückschnitt der Neutriebe auf Stummel

Ein Baum der Sorte *Desert King* produziert bei diesem Schnittregime eine sehr große Sommerernte. Ein einzelner einjähriger Zweig kann leicht ein Dutzend Sommerfeigen tragen. Auf einem Baum, der etwa zwei Meter hoch und drei Meter breit ist, gibt es in der Regel mindestens 50 dieser einjährigen Zweige, die beim Schnitt im Vorfrühling belassen werden. Ein solcher Baum produziert im August Jahr für Jahr zuverlässig mindestens 400 hochwertige Feigen. Der Preis, den man zu entrichten hat, besteht darin, dass ein gewisser Schnittaufwand anfällt und man einen Baum akzeptieren muss, dessen Gestalt – gerade im Winterhalbjahr – der einer mehrstämmigen Kopfweide ähnelt.

Alternativ können vier Haupttriebe so heruntergebunden werden, dass sie fast horizontal wachsen. Von diesen Ästen aus dürfen Triebe vertikal wachsen und Sommerfrüchte tragen. Beim jährlichen Winterschnitt werden diejenigen, die im Vorjahr Früchte getragen haben, auf kleine Sporne zurückgeschnitten, aus denen neue Triebe entstehen, die im nächsten Jahr fruchten sollen. Bei dieser Spornschnittmethode wird damit die Feige ähnlich wie Weinreben gezogen.

Wenn man es auf **Herbstfrüchte** anlegt, ist eine Erziehung als Vase oder über Sporne weniger sinnvoll. Zwar könnte man oberhalb des Dauergerüsts alle im Vorjahr gebildeten Triebe entfernen und darauf bauen, dass ersatzweise viele neue Triebe wachsen, die noch in derselben Saison Herbstfeigen tragen. Allerdings werden Herbstfrüchte an gänzlich neuen Trieben im Vergleich zu älteren Trieben mit diesjährigem Längenzuwachs oder diesjährigen Seitentrieben etwas später gebildet. Sie werden deshalb, weil Feigen eine bestimmte Anzahl von Tagen benötigen, um zu reifen, auch etwas später reif, was bei den meisten Herbstfeigen in unseren Breiten ein ernsthaftes Problem darstellt.

SCHNITT FREI WACHSENDER FEIGEN

Dringend geboten ist eine streng ertragsorientierte Erziehung nicht. Eine halbwegs gut gepflegte Feige liefert eigentlich immer und unabhängig von der Wuchsform einen akzeptablen Ertrag. Zwar mag eine **frei vor sich hinwachsende Pflanze** vielleicht nur halb so viele Früchte tragen wie ein Baum in Vasenform. Nur: Das sind in den meisten Fällen immer noch etwa 200 Feigen, die in einem verhältnismäßig kurzen Zeitraum von etwa zwei Wochen reifen und – da nicht lange haltbar – auch verzehrt oder verarbeitet werden müssen. Wer keine Großfamilie zu versorgen hat, wird da schnell zu der Erkenntnis kommen, dass Ertragsoptimierung nicht alles ist.

Alternativ zur strengen Erziehung kann man die Feige also aus guten Gründen als kleinen Baum oder Busch mit natürlich angeordneten Trieben wachsen lassen. Im Folgenden geht es darum, wie ein solcher, naturnah wachsender Baum oder Strauch – zusätzlich zu den oben dargelegten allgemeinen Schnittmaßnahmen – behandelt wird. Dabei gibt es Unterschiede zwischen Pflanzen, bei denen Sommerfrüchte im Vordergrund stehen, und solchen, bei denen es uns um Herbstfrüchte geht.

SCHNITT VON FEIGEN, BEI DENEN DIE ERNTE VON SOMMERFRÜCHTEN IM VORDERGRUND STEHT

Zurückhaltung beim weitergehenden Schnitt im zeitigen Frühjahr ist geboten bei Trägern von Sommerfrüchten, bei denen man die Höhe des Baumes begrenzen und das Holz ausdünnen möchte. Das im Vorjahr gebildete Holz trägt Fruchtembryos, die im darauffolgenden Sommer Früchte bilden sollen. Diese sollten zumindest teilweise geschont werden. Das schließt ein moderates Verjüngen und Ausdünnen der Pflanze während des Winterschnitts zwar nicht aus, wohl aber sollte ein radikales Beschneiden aller Vorjahrestriebe vermieden werden, um einen (weitgehenden) Verlust der Sommerernte zu vermeiden.

Ohne zu viele Sommerfrüchte zu verlieren und ohne die Wuchsform zu verändern, kann man im Rahmen des Winterschnitts (genauer: im zeitigen

Frühjahr) bei mehrjährigen Pflanzen jedes oder jedes zweite Jahr ältere **Basistriebe entnehmen** und durch in der vergangenen Saison gebildete neue Triebe – bei strauchförmigem Wuchs Bodentriebe – ersetzen. Bei sehr wüchsigen Sorten wie *Desert King* kann man so weit gehen, dass man nur bis zu zweijährige Triebe stehen lässt. Sind sehr viele neue Basis- und Bodentriebe entstanden, sollte man auch sie ausdünnen und nur die kräftigsten, in ausreichendem Abstand zueinander wachsenden belassen. Dieses Vorgehen beeinträchtigt die zu erwartende Ernte selbst bei Sorten, die für Sommerfeigen sorgen sollen, nicht über Gebühr. Vor allem ist über Jahre hinweg für eine nachhaltige Ernte gesorgt. Das Entfernen älterer Triebe bedeutet zugleich eine Größenkontrolle der Pflanze, die dadurch leichter zu beernten ist.

Feigenbusch ohne Laub

Man kann auch nur jeden zweiten Trieb zurückschneiden und im Jahr darauf die anderen. Sind zwei Träger von Sommerfrüchten vorhanden, kann man sich im jährlichen Wechsel einen Strauch zuerst und den anderen ein Jahr später vornehmen.

Tipp: Treten Sie während des Schneidens gelegentlich einige Schritte zurück und betrachten Sie das jeweilige Zwischenergebnis. Sind die gewünschte Ausdünnung und das angestrebte Verhältnis zwischen jungem und altem Holz bereits erreicht oder bedarf es noch weiterer Schnitte?

Das dargelegte Schnittregime funktioniert aber nur bei Sorten, die ausreichend viele Wurzeltriebe bilden, die älteres Holz ersetzen können. Fehlt es daran, wird man die vorhandenen Haupttriebe – sechs wären gut – länger erhalten.

Bei Pflanzen, die wegen ihrer **Sommerfrüchte** angebaut werden, ist Anfang April, kurz bevor die Knospen aktiv werden, zusätzlich ein – zumindest teilweises – Ausbrechen der Terminalknospen an den Haupttrieben über den sich entwickelnden Früchten möglich. Diese Maßnahme dient zwar auch der Größenkontrolle. Ihr Hauptzweck ist es aber, vorübergehend die Neuentwicklung von Laub zu stoppen und damit einen Wettbewerb zwischen dem neuen Laub und den seitlichen Fruchtknospen zu verhindern. Der Saftfluss wird so auf die Fruchtknospen gelenkt, die früher und stärker anschwellen. Letztlich führt das dazu, dass etwas größere Früchte entstehen, die etwas früher geerntet werden können. Nebenbei wird, weil mehr Kohlenhydrate für die Fruchtstände zur Verfügung stehen, auch das Risiko, dass diese abgeworfen werden und ein Teil der Sommerernte verloren geht, verringert. Seitentriebe, deren Bildung ebenfalls gefördert wird, erhalten später einen Sommerschnitt, indem sie im Juni auf etwa vier Blätter zurückgeschnitten werden. Diese Technik kann die Ernte fast verdoppeln und um ein paar Wochen nach vorne bringen.

Das Ausbrechen der Terminalknospen bei Austrieb ist schon in der Antike praktiziert worden. Die römischen Autoren *Columella* und *Plinius der Ältere* haben es in der Antike ebenso beschrieben wie 1693 der Gärtner des französischen Königs *Ludwig IV.*, *Jean-Baptiste de La Quintinie*. Die Praxis ist noch heute in Frankreich verbreitet, etwa in Argenteuil bei Paris.

Wenn man nur einen Teil der Terminalknospen ausbricht und so auch nur einen Teil der entstehenden Früchte zur früheren Reife bringt, kann man, weil ja die übrigen Früchte zur „normalen" Zeit, also etwas später reifen, die Erntezeit für die Sommerfrüchte verlängern.

Das Entfernen der Terminalknospe erfolgt mit den Fingern, der Gartenschere oder einem Messer.

Das Abkneifen der Spitzen der Feigentriebe kann auch im Spätfrühling oder Frühsommer zwischen Ende Mai und Anfang Juli, nach dem ersten Wachstumsschub ausgeführt werden, sobald ein Trieb vier bis sechs Blätter gebildet hat. Lässt man die Spitzen im zeitigen Frühling wie auch im Sommer ungehindert wachsen, werden auf den neuen Trieben Feigen gebildet, die, weil die Sommer nördlich der Alpen ziemlich kurz und nicht allzu warm sind, einerseits nicht mehr ausreifen, andererseits aber zu groß werden, um erfolgreich zu überwintern. Durch das Einkürzen der Triebe im Sommer wird das Spitzenwachstum aufgehalten und verhindert, dass solche für uns wertlosen Früchte entstehen. Stattdessen bildet die Pflanze zahlreiche kurze Seitentriebe, die aus den unteren Knoten des gereiften Holzes heraustreten. Diese wiederum bilden in ihren Blattachseln je Trieb eine oder zwei embryonale Feigen, die klein genug bleiben, um zu überwintern, im nächsten Sommer aber zu ansprechender Größe heranreifen. Je mehr dieser fruchtenden Kurztriebe ein Baum hat, desto produktiver ist er und desto besser ist die Qualität der Früchte.

Sollte man es versäumt haben, das Bilden von Herbstfeigen rechtzeitig zu unterbinden, empfiehlt es sich, im Herbst alle Fruchtansätze zu entfernen, die größer sind als eine Erbse, da diese nicht überwintern und zur Verrottung neigen. Bei einem großen Strauch ist dies zwar schwierig auszuführen. Dennoch ist es wichtig: Unreife Herbstfrüchte werden regelmäßig von Botrytis befallen, der sich nicht selten in den Trieb ausbreitet und ihn absterben lässt. Dadurch gehen mehr Triebe verloren als durch Winterfrost. Einige Sorten wie Negronne scheinen dafür besonders anfällig zu sein.

SCHNITT VON FEIGEN, BEI DENEN DIE ERNTE VON HERBSTFEIGEN IM VORDERGRUND STEHT

Bei **Herbstfeigenträgern** sind **im Rahmen des Vorfrühlingsschnitts weitergehende** Eingriffe möglich. Sie können an allen Trieben stark beschnitten werden, ohne die Bildung von (Herbst-)Früchten im selben Jahr auszuschließen. Im Einzelnen gehören zu den Schnittmaßnahmen:

- *Gewünschte Korrekturen an der Form. Wird die Feige als Strauch gezogen, sollte man, wie bei den Trägern von Sommerfrüchten, nur die sechs kräftigsten Haupttriebe, die in ausreichendem Abstand zueinander wachsen, stehen lassen.*
- *Die Größenkontrolle. Wenn einzelne Triebe zu lang werden, können sie um ein Drittel oder die Hälfte auf die gewünschte Höhe eingekürzt werden. Allerdings werden die Früchte an den neu entstehenden Ersatztrieben etwas später gebildet als am um einige Tage früheren Austrieb unbeschnittenen Holzes. Das kann den Unterschied zwischen rechtzeitig ausreifenden Herbstfeigen und solchen ausmachen, die es vor dem Winter nicht mehr schaffen.*
- *Eine Verjüngung durch radikalen Schnitt (der bei kontinuierlichen moderaten Eingriffen kaum erforderlich sein wird).*

Der Vorfrühlingsschnitt wird sich positiv auf die Produktivität auswirken, indem ein Wachstum neuen Holzes angeregt wird, das die Herbstfeigenernte erhöht. Nach dem Austrieb gibt es zwei Methoden, um die Reife von Herbstfeigen zu beschleunigen:

Unterdrücken von Sommerfrüchten

Bei zwei Mal tragenden Feigen, bei denen man die Herbstfrüchte in den Vordergrund stellt, können die Embryos der Sommerfrüchte kurz nach dem Austrieb, wenn sie so groß wie Fingerspitzen sind, entfernt werden. Durch den Wegfall der Sommerfrüchte stehen mehr Kohlenhydrate für das Triebwachstum und die Bildung von Herbstfrüchten zur Verfügung, die früher erscheinen und dann auch früher reif werden. Allerdings ist das Unterdrücken von Sommerfrüchten nur bei Sorten sinnvoll, die – wie etwa Negronne – zu den wirklich zwei Mal tragenden zählen, also neben vielen Herbstfrüchten auch eine große Zahl an Sommerfrüchten bilden. Eine Sorte, die – wie etwa Ronde de Bordeaux – nur einzelne Sommerfrüchte bildet, wird auf das Entfernen der wenigen Sommerfrüchte gar nicht reagieren. Die idealen Kandidaten für ein Unterdrücken der Sommerfrüchte sind solche Feigenbäume, die eine größere Menge an Sommerfrüchten produzieren, deren Mehrheit letztlich aber abfallen wird, während sie bereits eine gute Größe haben.

Wachstumskontrolle

Später, etwa Anfang Juli, können – auch bei reinen Herbstfeigenträgern – die Triebspitzen zurückgeschnitten werden, indem an den einzelnen Trieben die Terminalknospe ausgebrochen wird, sobald sechs bis acht Herbstfeigenembryos gebildet sind. Danach angesetzte Früchte würden ohnehin nicht mehr reif. Die vorhandenen Herbstfrüchte werden vom Entspitzen profitieren, schneller wachsen und genug Zeit haben, um vor dem Frost zu reifen. Nebenbei wird so eine stärkere Verzweigung angeregt und verhindert, dass die jungen Zweige zu lang werden.

Ein über diese Maßnahmen hinausgehender Sommerschnitt verbietet sich, will man sich doch nicht der Herbsternte berauben.

SCHNITT VON FEIGEN, DIE ZWEI MAL FRÜCHTE TRAGEN SOLLEN

Bei Feigensorten, die gleich zwei Mal pro Saison Früchte tragen sollen, sollte man sehr vorsichtig sein, wenn man die Höhe des Baumes begrenzen und die Triebe ausdünnen möchte. Jeder entfernte Zweig trägt Sommerfrüchte! Es sollten deshalb einige Triebe des Vorjahres erhalten bleiben, um im bevorstehenden Sommer Früchte zu ernten.

ÜBERSICHT ZU DEN IM JAHRESVERLAUF ANFALLENDEN SCHNITTARBEITEN

FEIGENTYP	WUCHSFORM	CHARAKTER DER SCHNITTMASSNAHME	ZEITPUNKT DER SCHNITTMASSNAHME	SCHNITTMASSNAHME IM EINZELNEN
Sommerfruchtsorten (z. B. Desert King oder Brown Turkey)	Natürliche Wuchsform (Busch oder Baum)	Laufendes Schnittregime	Vorfrühling	Totes, krankes, beschädigtes, schwaches, nach innen oder zu dicht wachsendes Holz entfernen
				Ausknipsen der Terminalknospen
			Sommer	Anfang Juli: Abkneifen der neuen wachsenden Spitzen, sobald sie 4 bis 6 Blätter gebildet haben
				Unmittelbar nach der Ernte der Sommerfrüchte: Einzelne besonders alte Triebe entfernen (bei Büschen: am Boden)
				Im August: Diesjährige Triebe auf 6 bis 8 Blätter einkürzen
			Herbst	Entfernen aller mehr als erbsengroßen Embryos, die nicht reif geworden sind (so weit praktikabel)
			Ganzjährig	Bei Wuchs als Baum: Ausreißen von Wurzelschösslingen
	Wuchs als Baum in Form eines aus Rahmenästen gebildeten Kelches	Erziehungsschnitt über mehrere Jahre		

FEIGENTYP	WUCHS-FORM	CHARAKTER DER SCHNITT-MASSNAHME	ZEITPUNKT DER SCHNITT-MASSNAHME	SCHNITT-MASSNAHME IM EINZELNEN
		Laufendes Schnitt-regime	Vorfrühling	Totes, krankes, beschä-digtes Holz entfernen
				Rückschnitt aller zwei-jährigen Triebe auf Stummel
				Schwaches und zu dichtes einjähriges Holz entfernen
			Kein Sommerschnitt	
			Herbst	Entfernen aller mehr als erbsengroßen Embryos, die nicht reif geworden sind (soweit praktikabel)
			Ganzjährig	Ausreißen von Wurzel-schösslingen
Herbstfeigensor-ten (z. B. Ronde de Bordeaux)	Natürliche Wuchsform (Busch oder Baum)	Laufendes Schnitt-regime	Vorfrühling	Totes, krankes, beschä-digtes, schwaches, nach innen oder zu dicht wachsendes Holz entfernen
				Einzelne besonders alte Triebe entfernen (bei Büschen: am Boden)
				Größenkontrolle bei wüchsigen Sorten: Haupttriebe um ein Drittel oder die Hälfte auf die gewünschte Höhe einkürzen

FEIGENTYP	WUCHSFORM	CHARAKTER DER SCHNITTMASSNAHME	ZEITPUNKT DER SCHNITTMASSNAHME	SCHNITTMASSNAHME IM EINZELNEN
			Sommer	Entfernen der Terminalknospe, sobald der Trieb 6 bis 8 Herbstfeigenembryos gebildet hat
			Herbst	Entfernen aller Früchte, die nicht reif geworden sind (soweit praktikabel)
			Ganzjährig	Bei Wuchs als Baum: Ausreißen von Wurzelschösslingen
Kombisorten (z.B. Negronne)	Natürliche Wuchsform (Busch oder Baum)	Laufendes Schnittregime	Vorfrühling	Totes, krankes, beschädigtes, schwaches, nach innen oder zu dicht wachsendes Holz entfernen
				Einzelne besonders alte Triebe entfernen (bei Büschen: am Boden)
			Sommer	Anfang Juli: Abkneifen der neu gewachsenen Spitzen, sobald sie 4 bis 6 Blätter gebildet haben
			Herbst	Entfernen aller Früchte, die nicht reif geworden sind (soweit praktikabel)
			Ganzjährig	Bei Wuchs als Baum: Ausreißen von Wurzelschösslingen

Weiß unterlegt: Schnittmaßnahmen, die nur in Betracht kommen, wenn die Feige als Baum mit Einzelstamm gezogen wird

Erziehung und Schnitt sind unabhängig davon sinnvoll, ob Sie den Feigenbaum im Beet oder Kübel kultivieren. Die zu beachtenden Regeln sind grundsätzlich dieselben.

Achtung: Wie die verwandte Zimmerpflanze Birkenfeige (Ficus benjamina) und alle anderen Ficusarten enthält der Feigenbaum in fast allen Pflanzenteilen – mit Ausnahme der reifen Früchte – Latex, einen weißen Milchsaft, der beim Schneiden der Feige an den Schnittstellen austritt. Die darin enthaltenen Stoffe können – vor allem in Zusammenhang mit Sonnenlicht – eine Photodermatose hervorrufen, die sich durch Entzündung der Haut, Hautausschläge, Bläschenbildung, Quaddeln und Juckreize äußert. Selbst Übelkeit und Erbrechen, Unruhezustände oder Benommenheit, Atemnot oder Herz-Kreislauf-Probleme können im schlimmsten Fall durch eine Latexallergie ausgelöst werden.

Sicherheitshalber sollte man deshalb bei Schnittarbeiten Handschuhe und langärmlige Kleidung tragen, um Hautirritationen durch Latex vorzubeugen. Auch das Berühren von Feigenpflanzen kann unangenehme **Hautreaktionen** hervorrufen. Selbstverständlich sind diese Erscheinungen abhängig von der persönlichen **Empfindlichkeit**, der Länge des Hautkontaktes und der Dauer der Einwirkung des **Sonnenlichtes**.

Feigen aus Athen

Der griechische Schriftsteller Plutarch berichtet, dass der Staatsmann Solon es den Athenern verboten habe, Feigen zu exportieren. Solon könnte es dabei um die Versorgungssicherheit der ärmeren Bevölkerung gegangen sein, die sich ganz wesentlich von frischen und getrockneten Feigen ernährte.

Leute, die Verstöße gegen das Verbot anzeigten, nannte man nach dem griechischen Wort Sykon für die Feigenfrucht Sykophanten. Später wurde der Begriff allgemein für Denunzianten verwendet.

Krankheiten und Schädlinge

Der Feigenbaum ist im Gegensatz zu den meisten Obstbäumen sehr robust. In unseren Breiten hat er kaum Schädlinge oder Krankheiten zu befürchten. Und wenn doch einmal Unbill naht, ist es wie bei uns Menschen: Leben wir in einem intakten Umfeld ohne allzu viel Stress und fühlen wir uns wohl, wirkt sich das positiv auf unsere Gesundheit aus. Auf Feigen übertragen bedeutet das: Je besser ein Standort den Ansprüchen der Feige entspricht, desto geringer die Krankheitsneigung und der Befall mit Schädlingen. Sonne, Frischluft und eine dosierte Bewässerung in gutem Substrat sind das A und O.

KRANKHEITEN

Eine Bemerkung vorab: Nicht jede Auffälligkeit in Wuchs oder Aussehen einer Feigenpflanze ist einer Erkrankung geschuldet. Ein schlechter Zustand des Laubs – Braunwerden, Vergilben und sogar fallende Blätter – ist oft nur einem physiologischen Problem zuzuordnen: Mangel an Wasser, zu viel Wasser, Mineralungleichgewicht, kalter Wind oder sogar Verbrennungen durch Wassertropfen! Ein Einrollen oder gar ein Absterben der Blätter vom Blattrand her kann auf Kaliummangel hinweisen. Aber Vorsicht: Bei Krankheitsverdacht kann ein Düngen auch kontraproduktiv sein, da die Pflanze ihre Energie zur Regeneration und nicht zum Wachstum braucht.

Auch wenn also nicht alle Auffälligkeiten Ausdruck einer ernsthaften Erkrankung sind, gibt es doch einige Krankheiten, die wir kennen sollten:

PILZBEFALL

Gelegentlich kommt es zu Pilzerkrankungen. Verschiedene Pilzarten wie *Botrytis cinerea, Rhizopus stolonifer, Alternaria alternata, Aspergillus niger, Penicillium sp.* und *Cladosporium herbarum* treten nach der Ernte als Erreger von Feigenfäule auf, vor allem nach einer vorangegangenen Regenperiode. Die durch *Fusarium verticillioides* verursachte innere Fruchtfäule ist eine der wichtigsten Feigenfruchtkrankheiten. Auch wenn die Sporen schon unreife grüne Feigen befallen, offenbart sich die Krankheit vollstän-

Von Botrytis befallener und dadurch abgestorbener Trieb

dig erst bei reifen, insbesondere bei bereits geernteten Früchten.

Botrytis cinerea, die Grauschimmelfäule, kann auch an Früchten der Herbsternte auftreten, die nicht mehr rechtzeitig reif geworden sind und als Fruchtmumien über den Winter hängen geblieben sind. Das allein wäre nicht weiter schlimm, sind zu spät reifende Früchte doch ohnehin verloren. Der Botrytispilz kann sich aber von den Fruchtmumien in die Triebe ausbreiten und sie ebenfalls absterben lassen. Um das zu verhindern, sollte man, wenn im Herbst die Blätter fallen, unreife Früchte, die größer als eine Murmel sind, entfernen. Auch an frostgeschädigten Triebspitzen kann Botrytis – neben zinnoberroten Pustelpilzen – vorkommen. Betroffene Triebspitzen sollten so früh wie möglich entfernt werden. In unserem Garten ist der Befall von Trieben durch den Botrytispilz die einzige Krankheit, mit der wir überhaupt zu tun haben. Durch Botrytis geht bei uns zwar keine Feige vollständig verloren, wohl aber sterben hier und da einzelne Triebe, bevorzugt die Spitzen, ab. Die Sorten Negronne und Dottato scheinen insoweit empfindlicher zu sein als etwa Brown Turkey, Desert King oder Pastilière.

Über uneingeschränkt gute Erfahrungen kann ich in Bezug auf Verletzungen des Holzes durch Schnittmaßnahmen berichten. Dadurch ist es in unserem Garten, auch ohne Versiegelung der Schnittflächen mit Baumwachs, noch nie zu Pilzbefall gekommen.

FEIGENMOSAIKVIRUS

Eine der weltweit häufigsten Feigenkrankheiten ist die Feigenmosaikkrankheit. Symptome dieser Viruserkrankung sind Verfärbungen auf den jungen Blättern, manchmal auch an den Früchten. Diese sehen ein bisschen aus wie mit hellen Stellen gefleckt, wieder andere haben dunklere Flecken. Neu gebildete Blätter weisen Missbildungen der Lappung auf.

Die Leistungsfähigkeit einer Pflanze, die deutliche Symptome zeigt, ist verringert: Die Pflanze wächst schwächer. Die Fruchtreife ist verzögert, die Früchte bleiben signifikant kleiner und der Ertrag fällt geringer aus.

Die Symptome der Feigenmosaikkrankheit werden durch mehrere Viren (einen Cocktail) verursacht, welche die Feigenbäume einzeln oder als Gruppe infizieren können. Die Viren werden zum einen durch kleine an den Blättern saugende Gliederfüßer, vor allem Feigenmilben, von infizierten auf nicht infizierte Pflanzen übertragen. Feigenmilben – die durch ihre Saugtätigkeit auch dem Befall mit Rostpilzen Vorschub leisten – sind mit Spinnen und Zecken verwandt. Sie führen ihre „Mundteile" durch die Pflanzenzellmembranen ein und saugen die Pflanzenflüssigkeiten aus. Dabei überträgt ihr „Speichel" die Mosaikviren an die Pflanzenzellen, jedoch nur, wenn sich die Milben zuvor von anderen befallenen Pflanzen ernährt haben. Zum anderen verbreiten sich die Viren, wenn Feigengärtner Stecklinge von einem infizierten Baum nehmen und zu neuen Pflanzen heranziehen, die dann ebenfalls Virusträger sind.

Die Auswirkungen der Feigenmosaikkrankheit betreffen in erster Linie Pflanzen, die übermäßigem Stress ausgesetzt sind. Besonders gefährdet sind Pflanzen in windigen, kühlen und feuchten Sommern. Auch ein Nährstoffmangel, ein ungünstiger pH-Wert oder zu starkes Gießen kann Stress verursachen. Optimal versorgte Pflanzen zeigen, auch wenn sie Virusträger sind, kaum Symptome. Man geht sogar davon aus, dass die meisten Feigen mit dem Virus infiziert sind, nur eben keine Symptome zeigen.

Treten die für die Feigenmosaikkrankheit typischen Symptome auf (was aber auch eine andere Ursache haben kann), reicht es oft aus, die Bedingungen, unter denen die Pflanze wächst, zu verbessern. Eine weitergehende Behandlung ist weder geboten noch möglich. Es bestehen aber gute Chancen, dass sich die Feigenpflanze, sobald sie (wieder) optimale Bedingungen vorfindet, erholt. Wird sie angemessen ernährt und mit Wasser versorgt, hat sie den richtigen Boden und genug Sonne, wird sie voraussichtlich trotz Virusbelastung gesundes frisches Laub ausbilden und zu ihrer vollen genetischen Leistungsfähigkeit finden.

SONNENBRAND

Durch übermäßige Ultraviolettstrahlung (die in der Sonnenstrahlung enthalten ist) kann es zu Blattschäden kommen, deren Ausmaß häufig erst am nächsten Tag sichtbar wird. Insbesondere Topfpflanzen und Jungpflanzen, die Sie nach der Winterpause ins Freie versetzen, sind gefährdet. Sonnenbrand können Sie vermeiden, indem Sie die Topffeige langsam an den Standort gewöhnen. Obwohl die Optik der Pflanze leidet, ist ein einmaliger Sonnenbrand für die Pflanze nicht gefährlich, denn neue Triebe und Blätter wachsen gesund nach.

SCHÄDLINGE

Obwohl der weiße Feigensaft leicht ätzend ist, hält dies einige wild lebende Tiere nicht davon ab, sich an der Pflanze gütlich zu tun. Das wusste schon Aristophanes, ein griechischer Dichter des 5. Jahrhunderts v. Chr. Die folgenden Zeilen aus seiner Komödie „Die Vögel" zeigen, dass Schädlinge damals wie heute üblich waren:

„Nicht mehr sollen die Milbe und
das Gallen erzeugende Insekt

Ein seltenes Bild: Blattläuse an einem Feigenblatt. Ein größerer Schaden ist nicht zu befürchten.

Die Früchte des Feigenbaums fressen,
Von Drosseln soll eine Schar auf ihre Armeen herabstürzen,
Und sie alle in einer Stunde beseitigen.“

Die letzte Zeile müssen Sie aber nicht wörtlich nehmen und als Aufforderung verstehen, jeden entdeckten Schädling sofort zu bekämpfen. So mancher Befall ist zwar für den ordnungsliebenden Gärtner ein Problem, nicht aber für die Pflanze! Pi mal Daumen kann ein Viertel bis ein Drittel der Assimilationsfläche verloren gehen, ohne dass die Pflanze davon ernsthaften Schaden nimmt.

FEIGENBLATTMOTTE

Seit ein paar Jahren tritt in Mitteleuropa ein kleiner, ursprünglich im Süden beheimateter Nachtschmetterling, die **Feigenblattmotte *(Choreutis nemorana)*** auf. 2006 wurde die Motte erstmalig am Kaiserstuhl gesichtet. Die gelb-schwarz gepunkteten Raupen tun sich an den Blättern der Feige gütlich und verursachen Fraßschäden. Zum Schutz und zur Verpuppung rollt die Larve die Blattränder der Feige ein und schützt diese mit einem Gespinst aus Seidenfäden. Das Schadinsekt verursacht neben Fraßstellen Verkrümmungen und Verfärbungen des Laubes.

Bei kleineren Bäumen können Sie die Schmetterlingsraupen und die im Blatt eingerollten Puppen absammeln und diese vernichten.

KIRSCHESSIGFLIEGE (DROSOPHILA SUZUKII)

Die Kirschessigfliege ist in Asien beheimatet, kommt seit 2011 aber auch in der Schweiz, in Österreich und Deutschland vor. Die Art schädigt gesunde Früchte kurz vor der Ernte. Betroffen sind Obstarten mit dünner Schale, hauptsächlich Kirschen, aber auch die Feige.

Wie andere Mitglieder der Taufliegenfamilie ist *Drosophila suzukii* mit einer Länge von nur etwa 2 bis 3,5 Millimetern klein. Die Weibchen suchen nach Früchten für die Eiablage. Sie haben einen mit Zähnen besetzten Raspelapparat am Ende des Hinterleibs, mit dem sie die Fruchthaut anritzen, um anschließend ein Ei in die Frucht zu legen. Pro Tag kann ein Weibchen bis zu 16 Eier legen; pro Frucht werden ein bis drei Eier abgelegt. Nach zwei Tagen beginnen die geschlüpften Larven im Inneren der Frucht zu fressen. Die Larven schlüpfen und entwickeln sich also in der Frucht. Aufgrund der enormen Vermehrungsraten können in kurzer Zeit große Schäden entstehen.

Zusätzlich zum Befall der Früchte können Sekundärinfektionen durch Pilze oder Bakterien die Schäden (Fäulnis oder Essigsäuregärung) noch vergrößern.

Die Kirschessigfliege wird bekämpft, indem man alle betroffenen Früchte entfernt und vernichtet, zum Beispiel 30 Zentimeter tief im Boden vergräbt. Zur Vernichtung ist Kompostieren nicht geeignet. Das rechtzeitige vollständige und engmaschige Einnetzen ist eine weitere Maßnahme.

KANINCHEN UND MÄUSE

In harten Wintern nagen manchmal Kaninchen oder Wühlmäuse an der Rinde von Feigen oder an den Feigenwurzeln. Im Extremfall steht dann nur noch ein Stock ohne Unterbau in der Landschaft. Zumindest die Basis des Stammes können Sie mit einer Baumschutzspirale oder einem Drahtgeflecht schützen.

VÖGEL UND WESPEN

Die Hauptschädlinge reifer Feigen sind Vögel und Wespen. Die dünne Haut der Feige schützt nicht vor dem scharfen Schnabel eines Vogels. Sobald die süße Frucht probiert wurde, können Sie sicher sein, dass die gefiederten Diebe immer wieder zurückkehren. Sie essen selten eine komplette Frucht, sondern scheinen eher interessiert zu sein, alle zu probieren. Wenn aber eine Frucht einmal angepickt ist, wird sie zu einem Magneten für Vögel mit schwächeren Schnäbeln wie Mönchsgrasmücken, vor allem aber für hungrige Wespen, die alles verschlingen, bis nur noch ein Stück Haut am Ast hängt.

Ich habe geglaubt, dass Früchte, die auch bei Vollreife noch grün oder grüngelb sind, weniger auffällig sind und deshalb seltener von Vögeln angepickt werden als dunkle Früchte. Das Foto zeigt, dass diese Annahme etwas zu optimistisch war.

Es ist schwierig, Feigen vor Vögeln und Wespen zu schützen. Die ganze Pflanze einzunetzen, wird nur bei kleinen Pflanzen möglich sein. Meine Lösung besteht darin, über jede einzelne Frucht kurz vor der Reife einen Organzabeutel, also ein Säckchen aus feinem Netzstoff, zu stülpen und ihn am Stiel bündig zu verschließen. Das ist zwar etwas aufwendig, schützt aber zuverlässig vor Vögeln und auch vor Wespen. Selbst Ameisen, die mitunter ebenfalls an den reifen Früchten fressen, werden abgehalten.

Wer den Aufwand der Organzabeutel scheut, sollte so oft wie möglich versuchen, reife Feigen zu ernten.

Feigenfrucht im Organzabeutel

Timon von Athen

Über den im 5. Jahrhundert v. Chr. lebenden, als Menschenfeind bekannten Timon von Athen berichtet Plutarch:

Als die Athener eine Versammlung abhielten, stieg Timon auf die Rednerbühne. Die Ungewöhnlichkeit dieses Vorgangs verursachte tiefe Stille und große Erwartung. Schließlich sagte Timon: „Ich besitze ein kleines Baugrundstück, Männer von Athen, und darauf wächst ein Feigenbaum, an dem sich bereits viele meiner Mitbürger erhängt haben. Da ich beabsichtige, dort ein Haus zu bauen, möchte ich dies öffentlich bekannt machen, damit sich alle, die dies wünschen, aufhängen können, bevor der Feigenbaum gefällt wird."

FROSTSCHUTZ

Sollte eine im Freiland wachsende Feige vor Winterfrost geschützt werden?

Das hängt davon ab, wo genau die Pflanze wächst, in welcher Winterhärtezone und wie geschützt der Standort ist. Eine Rolle spielen dann noch das Alter der Pflanze und die Robustheit der Sorte, zu der die Feigenpflanze gehört. Über eigene Erfahrungen kann ich vom Niederrhein, aus der vergleichsweise vorteilhaften Winterhärtezone 8a, berichten. Kaum eine unserer Feigenpflanzen wächst an einer Hauswand oder Mauer, fast alle wachsen frei im Garten. An Pflanzen von Sorten, die für mitteleuropäische Standorte empfohlen werden, gibt es so gut wie keine Schäden, auch nicht an – generell empfindlicheren – Jungpflanzen und auch nicht in Jahren mit Temperaturen um -10 °C. Etwas anders sieht es bei Pflanzen aus, die ich aus Stecklingen gezogen habe, die wir aus Mallorca mitgebracht haben. Bei ihnen sterben regelmäßig einzelne Triebspitzen ab. Mein Fazit: In Zone 8a ist ein Winterschutz bei robusten Sorten entbehrlich. Zu erwägen ist bei entsprechender Wettervorhersage nur das kurzfristige Einwickeln der Pflanzen in Winterschutzvlies, um im April, bei besonders ungünstigem Verlauf noch Anfang Mai, den frischen Austrieb vor spätem Nachtfrost zu schützen. Das in jedem Gartencenter und im Versandhandel erhältliche Vlies wird am besten zwei- bis dreilagig verwendet. Es sollte dicht abschließen – auch zum Boden hin. Steht eine sehr kalte Nacht bevor, kann man, um auf Nummer sicher zu gehen, inmitten der Vliesummantelung noch ein paar PET-Flaschen mit heißem Wasser aufstellen. Diese können helfen, die Temperatur für einige Stunden oberhalb der kritischen Temperatur von -1 °C zu halten.

Ein anderes Vorgehen kann in ungünstigeren Winterhärtezonen angebracht sein. In den Winterhärtezonen 5b bis 6a sollte man auf einen Freilandanbau von Feigen ganz verzichten und nur die Topfkultur praktizieren. Der notwendige Frostschutz wäre hier zu aufwendig. Zone 6b halte ich für grenzwertig. Hier, erst recht in den Winterhärtezonen 7a und 7b, ist ein Frostschutz angebracht, wenn nicht die Feige an einer Hauswand wächst, die Wärme abgibt und vor kaltem Wind schützt. Fehlt es an einem solchen günstigen Mikroklima, ist ein Schutz vor Frost in den Härtezonen 6b bis 7b zumindest in den ersten ein oder zwei Jahren unbedingt zu empfehlen.

Wie sieht nun der Schutz aus?

Zu unterscheiden ist zwischen dem Wurzelbereich und dem oberirdischen Holz. Der Wurzelbereich ist besonders wichtig, weil die Feige hieraus im Notfall, wenn nämlich ihre oberirdischen Teile erfroren sind, wieder austreiben kann. Allerdings kann auch das Wurzelwerk selbst, weil ja Feigen flach wurzeln, durch tiefen Bodenfrost geschädigt werden. Indem man den Wurzelbereich großflächig mit **Mulch** abdeckt, kann man dem entgegenwirken. Eine im Herbst aufgebrachte isolierende Mulchschicht verhindert im Winter das tiefe Frieren des Bodens und der Wurzeln. Nebenbei ist der Mulch auch im Hinblick auf die Nährstoffversorgung nützlich. Als Mulchmaterial geeignet sind zum Beispiel gut gelagerter Rinder- oder mit Stroh vermischter alter Pferdemist, Häckselgut, Grasschnitt, Laub, Rindenmulch oder Stroh und als oberste Schicht (Fichten-)Reisig.

Je dicker die isolierende Mulchschicht, desto besser der Schutz vor Frost. Aber Vorsicht: Ich habe die Erfahrung gemacht, dass eine kuschelige dicke Mulchschicht, in meinem Fall aus 10 bis 15 Zentimeter Laub, bisweilen von Mäusen besiedelt wird, welche dann in der Mulchschicht die Rinde anfressen, die Feige gar „ringeln". Zwar treibt die Feige später unterhalb des Mäusefraßes wieder aus. Der angefressene Trieb kann trotzdem verloren sein. Als gebranntes Kind trage ich seither nicht mehr so dick auf – den Mulch natürlich. Zwei bis drei Zentimeter müssen genügen.

Den Mulch räume ich im März wieder ab – und verteile ihn als Humusbildner an anderer Stelle im Garten – weil sich der nackte Boden durch die Frühlingssonne schneller erwärmt. Die Feige treibt so etwas früher aus, was das Ausreifen von Herbstfrüchten wahrscheinlicher macht.

Bei oberirdischem Holz, dessen Erfrieren mit einem Verlust der Sommerernte verbunden wäre, gibt es zwei Schutzmethoden, die allerdings wesentlich aufwendiger als das Mulchen sind: Eine, die in Argenteuil bei Paris eine jahrhundertealte Tradition hat, besteht darin, die Triebe zusammenzubinden, sie auf den Boden herunterzubiegen und anzuhäufeln, also bis zum Frühjahr mit Erde zu bedecken. Die Feigenpflanzen werden dafür in einer geneigten Position angebaut oder so erzogen, dass sie niedrige Zweige bilden.

Auch bei der anderen Methode werden die Triebe zu einem Bündel zusammengebunden, dann aber – zum Beispiel mit Vlies oder Schilfmatten – bodenbündig zu einem Tipi mit konischer Abdeckung über der Spitze (damit der Regen abläuft) eingewickelt. Unten dichtet man am besten mit Erde oder Laub ab. Hilfreich ist es, neben dem Stamm Pflöcke in den Boden zu rammen, an denen Sie den Winterschutz anbringen können. Schon *Thomas Jefferson* soll von der Methode des Einwickelns Gebrauch gemacht und dafür Stroh verwendet haben. Das Einwickeln schützt vor allem vor kaltem Wind. Wer noch mehr Schutz bieten möchte, kann zusätzlich einzelne Triebe mit Zeitungspapier umwickeln oder den Innenraum mit Laub auffüllen.

Wird eine Feigenpflanze als Baum gezogen, kann man den Stamm mit Juteband umwickeln. Auch ein Erdhügel rund um den Stamm schützt diesen vor Frostschäden.

Eine Feige in Spalierform lässt sich besonders einfach mit Vlies, Schilfmatten oder Sackleinen abschirmen.

Den Winterschutz sollte man nicht zu früh anbringen und nicht zu spät entfernen. Mäßiger Frost wird auch ungeschützt vertragen. Deshalb sollte das Abkoppeln von den natürlichen Umweltbedingungen, mit denen die Pflanze ja auch sonst klarkommen muss, nicht über das Notwendige ausgedehnt werden. Ein guter Zeitpunkt für das Anbringen dürfte in den meisten Fällen in der zweiten Novemberhälfte liegen, der für das Entfernen Ende März.

Stecklinge

Von dem römischen Schriftsteller Cicero stammt folgende, wohl nicht ganz ernst gemeinte Anekdote:

Ein Sizilianer hatte einen Freund, der darüber klagte, dass sich seine Frau an einem Feigenbaum erhängt habe. Der Sizilianer reagierte darauf, indem er sagte: „Gib mir doch bitte einige Stecklinge von dem Baum, damit ich sie heranziehen kann."

DAS UMPFLANZEN EINER FEIGENPFLANZE

Im Zuge einer Garten-Neuplanung oder bei einem schlechten Gedeihen der Feige ist es manchmal erforderlich, eine bereits im Freiland wachsende Feige umzusetzen. Das ist nicht einfach. Feigen reagieren nämlich empfindlicher als andere Pflanzen auf eine Verletzung oder Beschädigung ihres Wurzelsystems. Wird das Wurzelsystem stark in Mitleidenschaft gezogen, kann auch – und gerade – eine schon recht große Pflanze verloren gehen.

WAS BEDEUTET DAS FÜR DIE GARTENPRAXIS?

Es ist wichtig, die Feigenpflanze großzügig mit einem Ballen mit umliegendem Erdreich auszugraben, um möglichst viele Wurzeln zu retten. Das gelingt leichter bei jungen, noch nicht vollständig etablierten Pflanzen. Bei älteren Pflanzen ist es von Vorteil, wenn der bisherige Standort günstige Bodenbedingungen, also eine gute Versorgung mit Wasser und Nährstoffen, zu bieten hatte. Dann ist nämlich zu erwarten, dass das Wurzelsystem oberflächennah verläuft, sich nahe am Stamm konzentriert und sich nicht allzu sehr ausgebreitet hat. Bei einem weniger günstigen Standort, vor allem unter sehr trockenen Bedingungen wird das Wurzelwerk viel ausgedehnter sein und auch weiter in die Tiefe reichen. Das erhöht das Risiko übergroßer Schäden.

Folgende Vorgehensweise hat sich beim Umpflanzen bewährt:

- *Der richtige Zeitpunkt für das Umpflanzen ist das zeitige Frühjahr, nachdem die größte Gefahr von Bodenfrösten vorüber ist und kurz bevor die Pflanze neu austreibt.*
- *Heben Sie das Pflanzloch deutlich breiter und tiefer aus, als der Wurzelballen groß ist. Die ausgebreiteten Wurzeln der Feige sollten den Rand nicht berühren.*
- *Soll die Pflanze als Baum wachsen, schlagen Sie einen Pflanzpflock ein.*
- *Die Wurzeln, die sehr anfällig für ein Austrocknen sind, sollten während des Transfers vom alten an den neuen Standort und während des Pflanzens geschützt werden.*
- *Setzen Sie die Pflanze ein und füllen Sie das Pflanzloch mit Substrat auf.*

- *Befestigen Sie die Feige gegebenenfalls mit einem geeigneten Band und einer Achterschleife am Pflanzpflock.*
- *Reduzieren Sie die Größe des oberirdischen Teils durch Rückschnitt. Schneiden Sie umso stärker, je mehr das Wurzelteil gelitten hat.*

Im Übrigen gelten für das Umpflanzen natürlich auch die allgemeinen Regeln für das Pflanzen einer Feige.

Romulus und Remus

Nach einer Sage, die sich bei mehreren römischen Autoren findet, hatte Amulius, der König von Alba Longa, seinen älteren Bruder Numitor vom Thron gestürzt. Dessen Tochter Rhea Silvia zwang er, Vestalin, also eine zur Jungfräulichkeit verpflichtete Priesterin, zu werden. So wollte Amulius verhindern, dass in der Familie des Bruders Nachfahren entstünden, die seinen Thron gefährden könnten. Er hatte seine Rechnung jedoch ohne den Gott Mars gemacht, der zu Rhea Silvia herabstieg und mit ihr verkehrte. Rhea Silvia empfing so die Zwillinge Romulus und Remus.

Nach ihrer Geburt wurden die Kinder auf Amulius' Befehl in einer Wanne auf dem Tiber ausgesetzt. Der Tiber führte jedoch gerade Hochwasser und als das Wasser zurückging, strandete die Wanne auf dem Gebiet des späteren Roms. Das geschah am Fuß des Palatin, einem der sieben Hügel Roms, der als ältester bewohnter Teil der Stadt gilt. Dort soll eine vom Schreien der Kinder angelockte Wölfin – Mamma Lupa – diese unter dem Feigenbaum Ficus Ruminalis gefunden, sie in eine nahe Höhle gebracht und gesäugt haben.

Der Ficus Ruminalis hatte fortan besondere Bedeutung für Rom und wurde von den Römern für heilig gehalten. Nach dem antiken Geschichtsschreiber Titus Livius soll er noch zur Zeit des Kaisers Augustus zu sehen gewesen sein.

Topfkultur

Eine Feigenpflanze lässt sich in einem Topf oder Kübel kultivieren und in den Sommermonaten auf dem Balkon oder der Terrasse pflegen. Viele Hobbygärtner machen von dieser Möglichkeit wegen einiger Vorteile gern Gebrauch:

- *Mit ihren schön geformten Blättern verleiht die Feige dem Freisitz ein mediterranes Ambiente.*
- *An einem geeigneten Platz fühlt sich die Feige auch ganzjährig im Haus oder Wintergarten wohl.*
- *Während der Wintermonate können Topffeigen in das Haus oder einen kühlen Keller gebracht werden. Dies ist eine gute Option, wenn man in einer Region mit regelmäßig strengen Wintern wohnt oder man sich den lästigen Winterschutz von im Freiland wachsenden Pflanzen sparen möchte.*
- *Junge Feigen frieren häufig stark zurück und es empfiehlt sich aus diesem Grund, die Obstbäume in den ersten zwei bis drei Jahren im Kübel zu kultivieren.*
- *Kübelfeigen können als stille Reserve für den Fall dienen, dass Feigen im Freiland ausfallen.*
- *Die Kultur in Töpfen schränkt die Wurzeln ein. Auf diese Weise wird das kräftige Spitzenwachstum kontrolliert und so die Fruchtbarkeit gefördert.*
- *Für die Pflege im Topf können auch für das Freiland eher ungeeignete, sehr gut schmeckende Sorten verwendet werden.*

Die Kultur von Feigen im Kübel hat jedoch auch Grenzen:

- *Die Kübelkultur ist mit erhöhtem Arbeitsaufwand verbunden.*
- *Für die Kübelkultur sind nur Feigensorten geeignet, die schwächer wachsen und kleiner bleiben.*

- *Topfpflanzen produzieren im Vergleich zu Pflanzen im Freiland weniger und kleinere Früchte. Geschmacklich sind die Früchte aber gut, oft sogar besonders süß.*

Wenn Sie ein paar Dinge richtig machen, kann die Kultur einer Topffeige fast so einfach sein wie der Anbau im Freiland. Der Schlüssel zum Erfolg läuft auf drei Dinge hinaus: gute Nährmedien, regelmäßige und gleichmäßige Bewässerung und angemessene Pflege.

AUSWAHL DES PFLANZBEHÄLTERS

Der Pflanzbehälter sollte ausreichend groß sein und im Boden große Drainagelöcher haben.

Stecklinge wird man zunächst in einem kleinen Topf von vielleicht 16 Zentimeter Durchmesser vorkultivieren, weil dies das Handling in der Wohnung vereinfacht. Das schnell wachsende Wurzelwerk wird aber schon sehr bald nach einem größeren Topf verlangen. Es empfiehlt sich daher, den Steckling nach einigen Wochen, etwa beim Herausstellen ins Freie,

Die großen Früchte stammen von einer im Freiland wachsenden Pflanze, die kleineren von einer Topfpflanze.

Feigenpflanze im Großkübel im Park von Schloss Benrath, Düsseldorf

in einen größeren Topf umzutopfen. Der neue Topf könnte etwa 30 Zentimeter Durchmesser haben. Um den Wurzeln mehr Raum zu bieten und die Standsicherheit des Topfes bei Wind zu verbessern, sollten Sie darauf achten, dass der Topf nicht konisch nach unten zuläuft. Idealerweise ist der untere Durchmesser nicht viel geringer als der obere. Zusätzlichen Schutz gegen ein Umwehen bei Wind bietet ein schwerer Topf aus Terrakotta. Er ist standsicherer als ein Kunststofftopf und trägt auch zu einer besseren Belüftung bei. Allerdings trocknet er schneller aus als Plastiktöpfe – was mehr Gießen bedeutet. Wenn Sie Ihre Pflanze in einem dekorativen Keramiktopf kultivieren, sollte dieser so geformt sein, dass Sie die Pflanze bei einem späteren Umpflanzen problemlos aus dem Topf ziehen können.

UMTOPFEN

Wenn die Feige kräftig gewachsen ist, sollte im nächsten Jahr erneut umgetopft werden. Idealerweise geschieht das wieder gegen Ende der Vegetationsruhe im März, wenn die Feigenpflanze ins Freie gestellt oder der Winterschutz abgenommen wird. Dieses Mal sollte ein mit etwa 50 Zentimeter Durchmesser großer Topf gewählt werden. Aus meiner Sicht handelt es sich hierbei um das Mindestmaß für einen Topf, in dem die Feige endgültig verbleiben soll. Durch eine Kombination aus dem Schnitt der oberirdischen Teile und dem Wurzelschnitt können die meisten Sorten in Töpfen dieser Größe gehalten werden. Besser ist es aber, wenn man in den nächsten Frühjahren auf noch größere Töpfe umtopft. Je mehr Raum die Wurzeln haben, umso eindrucksvoller wird Ihre Pflanze wachsen und umso mehr und größere Früchte wird sie bilden.

Natürlich kann man sich die Frage stellen, ob ein mehrmaliges Umtopfen überhaupt nötig ist oder ob man nicht besser gleich in den endgültigen Topf pflanzen sollte. Für ein schrittweises Herantasten an die Endgröße spricht, dass die Pflanze so von Anfang an daran gewöhnt wird, dass für die Wurzeln nur begrenzter Raum zur Verfügung steht.

Beim Umtopfen wird man unten aus dem Topf herauswachsende Wurzeln abschneiden. Auch eventuelle verfilzte oder kreisende Wurzeln, die sich im zu engen Topf gebildet haben, wird man ein wenig zurückschneiden. Im zumindest gleichen Umfang, wie das Wurzelwerk beschnitten wird, sollte man auch die oberirdischen Triebe einkürzen, weil sonst die Balance zwischen Wurzeln und Krone verloren ginge. Das kleiner gewordene Wurzelwerk würde nicht mehr ausreichen, den oberirdischen Teil der Pflanze ausreichend zu versorgen. Das Beschneiden der aufstehenden Triebe lässt sich gut mit einem Erziehungsschnitt der Pflanze verbinden. Die abgeschnittenen Triebe können als Stecklinge verwendet werden.

Auch wenn die Pflanze schon den endgültigen Topf erreicht hat, sollte man weiter alle zwei Jahre umtopfen. Man zieht die Pflanze aus dem Topf, streift die lose alte Erde ab und kürzt das Wurzelwerk um 10 bis 30 Prozent ein. Dann setzt man die Pflanze wieder in den Topf ein und füllt ihn rundum mit frischem Kompost auf. Dieses frische Substrat ist für die Pflanze noch wichtiger als ein vollständiger Erhalt ihres Wurzelwerks. Ein regelmäßiges Umtopfen ist daher auch bei gleichbleibender Topfgröße sinnvoll.

Wird eine stark wachsende Feigenpflanze nach einigen Jahren trotz regelmäßigen Schnitts zu groß für den Topf, bleibt oft nur das Freiland, wo sie dann ungestört weiterwachsen kann.

DAS GEEIGNETE SUBSTRAT

Kübelfeigen sind relativ anspruchslos und können gut in handelsüblicher Blumen- oder Balkonpflanzenerde kultiviert werden. Sie können auch Ihren eigenen Kompost verwenden oder ihn zumindest hinzufügen. Wer es besonders gut mit seinen Pflanzen meint, mischt etwa 30 bis 40 Prozent mineralisches Granulat, wie Blähton, Lava oder Perlite, unter die Erde. Bei ganz jungen, frisch bewurzelten Pflanzen kann der Anteil des mineralischen Granulats auch auf 50 bis 60 Prozent erhöht werden, um ein Faulen der empfindlichen Wurzeln zu vermeiden.

Bevor Sie das Pflanzgefäß mit der Erde befüllen, bringen Sie zunächst eine Drainageschicht aus einigen Zentimetern Blähton oder Kieselsteinen ein. Dadurch wird Staunässe vermieden und für gute Belüftung im unteren Bereich des Kübels gesorgt. Das Substrat trocknet von oben und unten ab und Wurzelfäule wird verhindert.

DER RICHTIGE STANDORT

Geben Sie den sonnenhungrigen Gehölzen einen sonnigen und warmen Standort. Auch Halbschatten wird toleriert. Vor zu großer Sonneneinstrahlung und Erwärmung schützen Sie den Topf mit einem Übertopf oder einer Schilfmatte. Sie können ihn auch im Garten in die Erde versenken.

Ein geschlossener, sonnendurchfluteter Patio ist der beste Platz für Ihre Feigenpflanzen. Ungeeignet für die Kultur sind hingegen zugige, kühle Standorte.

Auch wenn Feigen im Freiland nach kurzer Eingewöhnungszeit volles Sonnenlicht vertragen, sollten Sie im Wintergarten für Beschattung sorgen, um einen Wärmestau zu vermeiden.

GIESSEN

Feigenpflanzen mögen Feuchtigkeit, aber keine Nässe – das Gießen der Feige im Kübel erfordert deshalb etwas Fingerspitzengefühl:

- *Kübelpflanzen wachsen in einer geschlossenen Umgebung, ihre Wurzeln können also nicht nach Wasser suchen. Deshalb müssen Topffeigen regelmäßig und viel häufiger als im Freiland wachsende Pflanzen gegossen werden. In der Regel wachsen sie auch in einer wärmeren Umgebung als im Boden. Diese zusätzliche Hitze kann gut für die Feigen sein, jedoch nur, wenn sie ausreichend Wasser erhalten.*
- *Während der Vegetationsperiode haben Topffeigen einen hohen Wasserbedarf, vor allem, wenn die Früchte anzuschwellen beginnen. Der Wurzelballen darf niemals vollständig austrocknen. Bodentrockenheit quittiert die Feige – übrigens genauso wie*

Nährstoffmangel oder überhitzte Erde im Topf – zunächst mit dem Abwurf der Früchte und anschließend mit einem teilweisen Verlust des Laubes. Halten Sie deshalb die Erde stets feucht. Gießen Sie immer dann, wenn sich die Oberfläche der Erde trocken anfühlt.

- Auch bei Feigen, die in Kübeln wachsen, sollte man das Wässern während der Fruchtreife reduzieren, um ein Aufreißen der Fruchthaut zu verhindern.
- Ideal für die Wasserversorgung ist ein Tropfbewässerungssystem, bei dem die Pflanzen drei bis vier Mal täglich jeweils sieben bis zehn Minuten lang bewässert werden. Die Feigen reagieren darauf mit kräftigem Wachstum.
- Wenn Sie von Hand gießen, sollten Sie beachten, dass Sie in den heißesten Sommermonaten möglicherweise zwei Mal täglich gießen müssen. Im Allgemeinen ist aber ein einziges durchdringendes Gießen, bei dem Wasser aus den Abflusslöchern Ihrer Töpfe zu sickern beginnt, besser als mehrere kleine Gaben, bei denen das Wasser nie wirklich mehr als die oberen 2,5 bis 5 Zentimeter des Bodens durchdringt.
- Feigen reagieren empfindlich auf Staunässe. Sie muss genauso wie stehendes Wasser im Untersetzer vermieden werden. Ein kleiner Wasservorrat sollte dort allenfalls an sehr heißen Tagen und auch dann nur für einige Stunden stehen bleiben.
- Wichtig ist, dass die Pflanze vor der Frostperiode noch einmal gründlich gewässert wird.
- Während der Überwinterung im blattlosen Zustand benötigt die Feige nur sehr wenig Wasser. Ganz austrocknen sollte die Feigenpflanze allerdings nicht. Je nach Standort sollte man alle vier bis sechs Wochen die Erde prüfen und bei Bedarf etwas gießen. Bei Feigenpflanzen, die ich über mehrere Jahre in einem unbeheizten, nicht allzu trockenen Anbau zur Garage überwintert habe, war allerdings ein Gießen nie erforderlich.

- ***An die Wasserqualität wird kein besonderer Anspruch gestellt. Idealerweise verzichtet man aber auf besonders hartes, also kalkhaltiges Wasser und verwendet stattdessen gesammeltes Regenwasser. Alternativ können Sie Leitungswasser einige Stunden stehen lassen, sodass sich der Kalk absetzt.***

DÜNGEN

Frisch bewurzelte Stecklinge benötigen in der Regel im ersten Jahr keinen zusätzlichen Dünger – auch im zweiten Jahr, nach dem Umpflanzen in einen etwas größeren Topf, sollten ausreichend Nährstoffe vorhanden sein.

Später benötigt die Feige für kräftiges Wachstum und hohe Erträge eine regelmäßige Düngung mit geringem Stickstoffanteil. Aufgrund des kräftigen Zuwachses ist der Nährstoffbedarf hoch. Feigen sind also Starkzehrer. Zwar wird von September bis zum Ende der Vegetationsruhe im März nicht gedüngt, während der Wachstumsphase vom Frühjahr bis in den Spätsommer benötigt die Feigenpflanze im Kübel aber viele Nährstoffe, sonst ist die Erde bald ausgelaugt. Begonnen wird mit dem Düngen, sobald die ersten Blätterspitzen austreiben, also von April/Mai an.

Der Nährstoffbedarf kann auf verschiedene Weise gedeckt werden:

Zusätzlich zur frischen Erde, welche bei einem eventuellen Umtopfen gegeben wird, sollte man im Frühjahr Mulch in Form gut verrotteten Komposts über die Substratoberfläche verteilen. Das reicht aber nicht für die gesamte Vegetationsperiode. Die gebotene weitergehende Versorgung kann man auf zweierlei Weise sicherstellen:

Eine Möglichkeit besteht darin, die Nährstoffversorgung von Mai bis August durch langsam abgebende Langzeitdünger, wie zum Beispiel Osmocote plus Mikronährstoffe (drei Gramm Langzeitdünger pro Liter Kübelinhalt), sicherzustellen. Gut geeignet ist auch ein Beerendünger mit hohem Kalianteil. Der Dünger wird im März auf die Erde ausgebracht und etwa ein bis zwei Zentimeter tief eingearbeitet. Im Juni sollte noch einmal nachgedüngt werden.

Noch wirkungsvoller ist es, dem Gießwasser in der Kanne wöchentlich, zumindest aber alle vier bis sechs Wochen, einen flüssigen Dünger, der reich an Kali ist, beizumischen. Bei mineralischem Volldünger liegt die Konzentration für eine flüssige Nachdüngung für gut durchwurzelte Pflanzen bei zwei Gramm Volldünger (6-6-6 oder 8-8-8 mit Mikronährstoffen) in fester oder flüssiger Form pro Liter Wasser. Alternativ sind auch Zitrusdünger und organischer Dünger in Form von Bio-Tomatendünger oder flüssigem Seetang gut geeignet. Wer es bequemer mag, kann anstelle von Flüssigdünger auf Dünger in Stäbchenform zurückgreifen.

Eine versehentlich überdüngte Pflanze sollte man – genauso wie eine unter Staunässe leidende – umpflanzen.

SCHNITT VON TOPFFEIGEN

In Töpfen wachsende Feigen vertragen einen Schnitt genauso gut wie im Freiland wachsende Pflanzen. Auch die Regeln, wie und wann geschnitten werden sollte, sind grundsätzlich identisch. In Töpfen kultivierte Feigen lässt man am besten frei als Sträucher wachsen. Sollen sie als kleine Bäumchen gezogen werden, sollten sich die Pflanzen 35 Zentimeter über dem Grund verzweigen, damit sie kompakt und nicht kopflastig werden. Überhaupt kommt der Größenkontrolle bei Topffeigen besondere Bedeutung zu. Maßnahmen wie ein Ausbrechen der Terminalknospen und ein Sommerpinching sind dafür gut geeignet, auch weil sie Früchte am einjährigen Holz unberührt lassen. Die Schnittmaßnahmen sind im Kapitel Erziehung und Schnitt näher erläutert.

Wenn man die Pflanze nicht schon im Winterquartier, sondern am Terrassen- oder Balkonstandort schneidet, kann man zudem den zur Verfügung stehenden Platz berücksichtigen.

PFLANZENSCHÄDLINGE ERKENNEN UND BEKÄMPFEN

Oftmals hilft ein kräftiger Rückschnitt auch dabei, lästige Besucher loszuwerden. Man sollte sich die Pflanzen, selbst wenn man sie schon im Winterquartier regelmäßig auf Schädlinge kontrolliert hat, noch einmal gut anschauen, bevor sie ins Freie kommen.

ÜBERWINTERUNG

Feigen in einem Pflanzkübel müssen im Winter vor Kälte geschützt werden.

Überwinterung im Freien

In Regionen, in denen die Winter regelmäßig besonders mild ausfallen, also den Winterhärtezonen 8a und 7b, dürfen Kübelpflanzen während der Wintermonate im Freien verbleiben. In geschützter Lage, etwa auf einer Südterrasse, in einer Verandaecke oder nahe am Wärme abstrahlenden Haus, überstehen sie den Winter meist ohne Probleme. Zur Sicherheit sollte man den Topf dennoch dicht umwickeln, zum Beispiel mit Luftpolsterfolie, auch weil sonst die Erde im Topf gefrieren kann. Die Pflanze selbst kann man mit einer Schilfrohrmatte, Vlies oder einer Decke schützen.

Im Freien überwinternde Topffeigen müssen trocken gehalten werden. Allerdings darf der Wurzelballen nie ganz austrocknen. Überprüfen Sie den Boden im Topf im Winter etwa jeden Monat und geben Sie etwas Wasser, wenn sich der Boden trocken anfühlt. Pflanzen verbrauchen in der Ruhephase zwar nicht viel Wasser, aber etwas. Ohne Gießen kann die im Winter allgemein niedrigere Luftfeuchtigkeit dazu führen, dass der Topf austrocknet (in einem Keramik- oder einem anderen porösen Topf umso eher). An einem Ort mit einem hohen Maß an Feuchtigkeit müssen die Pflanzen während ihrer Wintersiesta nicht unbedingt gewässert werden.

Überwinterung an einem unbeheizten frostfreien Platz

Alternativ zur geschützten Aufbewahrung im Freien können Feigenbäumchen oder -sträucher, die in Pflanzgefäßen kultiviert werden, über den Winter an einen wärmeren, geschützten Ort gebracht werden. Es ist ratsam, von dieser Möglichkeit Gebrauch zu machen und die Pflanzgefäße an einem kühlen, unbeheizten Platz einzustellen. Eine Garage, ein Keller, ein Gartenhaus, ein Geräteschuppen oder ein Gewächshaus eignet sich gut für die Lagerung, vorausgesetzt, dass die Temperaturen an diesem Platz nicht stark unter den Gefrierpunkt fallen. Am besten liegen sie etwas darüber, Temperaturen zwischen +2 °C und +5 °C sind ideal. Geringer Frost schadet aber nicht.

Nach dem Blattabwurf kann der Überwinterungsraum für Topffeigen auch dunkel sein. Es macht also nichts, wenn die Garage keine Fenster hat.

Die im Kalthaus aufbewahrten Feigen werden so mit Wasser versorgt wie die im Freien überwinternden Topffeigen.

Warme Überwinterung

Grundsätzlich können sie eine Topffeige auch bei warmen Temperaturen in der Wohnung oder im Wintergarten überwintern. Das Risiko eines Befalls mit Schädlingen wie Schild- oder Wollläusen, die zu den größten Feinden der Kübelpflanzen gehören, ist dann aber größer.

Ein Vortreiben von zunächst kühl aufbewahrten Feigen in Wohnräumen ist nicht zu empfehlen, da dann ein großer Teil der Früchte für die Sommerernte abfällt.

Am meisten Sinn macht es bei warmen Räumen noch, Feigenstecklinge bereits im zeitigen Frühjahr in Töpfen in der Wohnung oder im Gewächshaus vorzukultivieren. Dadurch kann man die Vegetationszeit für die Pflanzen verlängern.

Wann ist der richtige Zeitpunkt, die Feige vor dem beginnenden Winter zu schützen?

Ein Feigenbaum sollte so lange wie möglich der frischen Luft ausgesetzt sein. Die dargelegten Schutzmaßnahmen verträgt er zwar. Sie sind aber letztlich nur ein Behelf, dem wir die Feige nicht länger als nötig aussetzen sollten, damit sie nicht geschwächt wird und Schädlinge kein leichtes Spiel haben. Zu empfehlen ist deshalb ein spätes Einräumen der Pflanzen. Feigen im Kübel dürfen bis zu den ersten Frösten auf Balkon oder Terrasse bleiben. Selbst vorübergehende Nachttemperaturen von -4 bis -5 °C gefährden unsere Topffeigen noch nicht. Ausreizen muss man die Winterhärte einer Feige aber auch nicht. Unsere Feigen ziehen deshalb, auch wenn es bis dahin kaum gefroren hat, etwa Anfang November in ihr Winterquartier um.

Hinausstellen der Topffeigen im Frühling

Wird es draußen wärmer, kann es kaum ein Garten- und Balkonbesitzer erwarten, seine Kübelpflanzen aus dem Winterquartier zu räumen.

Pflegemaßnahmen im Frühjahr

Bevor man die Kübelpflanzen hinausstellt, sollte man nötige Pflegemaßnahmen am Aufstellort bedenken. In manchen Fällen müssen Arbeiten an Spalieren, der Terrasse oder am Balkon durchgeführt werden. Bei gepflasterten Terrassen macht es Sinn, sie zu reinigen, bevor die Kübelpflanzen rauskommen.

Wann ist der richtige Zeitpunkt, Topffeigen/Kübelfeigen herauszustellen?

Analog dazu, dass Topffeigen ihr Winterquartier möglichst spät beziehen sollten, sollten sie dieses im Frühling so früh wie möglich verlassen. Der richtige Zeitpunkt dafür ist bei kalt überwinterten Topffeigen und solchen, die wie vorgezogene Stecklinge aus dem Warmen kommen, unterschiedlich.

Kalt überwinterte Topffeigen

Feigen vertragen vor dem Austrieb leichte Fröste, so dass man kalt überwinterte Topffeigen schon vor Ende der Winterruhe ins Freie stellen und auch über Nacht draußen lassen kann. Sie können ausgeräumt werden, sobald die Tagestemperaturen verlässlich im Plusbereich liegen und nächtliche Tiefsttemperaturen unter -2 bis -4 °C nicht mehr zu erwarten sind. Am Niederrhein ist das etwa Anfang/Mitte März der Fall. Auch in weniger wintermilden Gegenden Mitteleuropas liegt die Wahrscheinlichkeit stärkerer Nachtfröste – wie nachfolgende Karte zeigt – nach dem 1. April fast überall unter 40 Prozent.

Deshalb ist es allgemein vertretbar, kalt überwinterte Feigen im Laufe des Monats März herausstellen. Wenn eine wirklich kalte Nacht mit

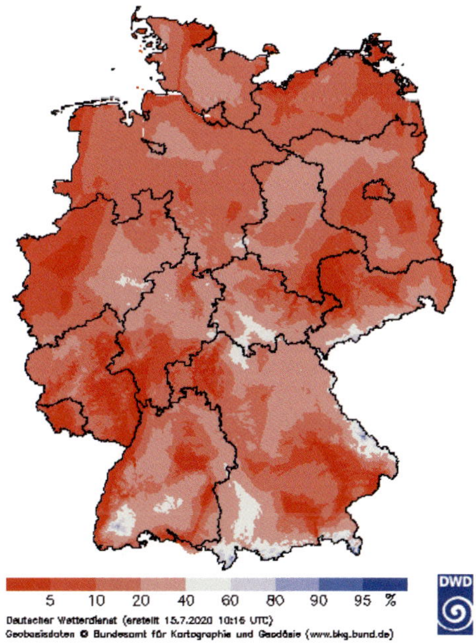

Dargestellt ist die Wahrscheinlichkeit für das Auftreten von leichtem, mäßigem und strengem Luftfrost für die einzelnen Dekaden eines Jahres. Dabei bedeutet „leicht" eine Minimumtemperatur von <= 0 °C, „mäßig" <= -5 °C und „streng" <= -10 °C. Eine Wahrscheinlichkeit von 50 % bedeutet beispielsweise, dass es im Vergleichszeitraum (1981 bis zum Vorjahr) im Mittel jedes zweite Jahr zu Tagestiefsttemperaturen unter der jeweiligen Schwelle gekommen ist.

ungewöhnlich niedrigen Temperaturen vorhergesagt wird, sollten Sie die Feigenpflanzen, besonders wenn sie bereits angefangen haben, kleine Blätter auszutreiben, abends mit Vlies oder anderem isolierenden Material schützen. Kleinere Pflanzen oder solche, die auf Untersetzern oder Brettern mit Rollen stehen, können Sie auch, wenn der Weg nicht zu weit ist, am Abend vorübergehend in das Winterquartier zurückversetzen. Natürlich sind diese Maßnahmen mit Aufwand verbunden. Mit ihnen kann man sich aber manchen höchst ärgerlichen Rückschlag ersparen.

Warm überwinterte Kübelfeigen

Auch warm überwinterte Feigen oder vorgezogene Stecklinge sollten so bald wie möglich auf den Balkon oder die Terrasse. Dadurch verringert man die Schädlingsgefahr, denn die steigt bei warmen Temperaturen im Winterquartier, erst recht in einem warmen Wohnraum mit zu wenig Licht und zu trockener Luft. Draußen geht es den Pflanzen besser als in der Wohnung. Dort gibt es selbst bei warmem Sonnenschein immer eine gewisse Luftbewegung, die für Abkühlung sorgt.

Das Herausstellen warm überwinterter Feigen und vorgezogener Stecklinge ist allerdings heikel: Diese Pflanzen sind im März in ihrer Entwicklung bereits so weit, dass sie über frisches Laub verfügen. Dieses ist sehr empfindlich. Es ist nicht an Minustemperaturen gewöhnt und verträgt sie nicht, nicht einmal leichte Minusgrade. Das Herausstellen von Feigen, die aus warmer Umgebung kommen, kommt deshalb erst in Betracht, wenn künftiger Nachtfrost wenig wahrscheinlich ist. Die Frostwahrscheinlichkeit lässt sich aber im frühen Frühjahr nur schwer bestimmen. Der erste zarte Frühlingshauch kann durchaus noch täuschen: Frühlingsnächte können kühl sein. Nach einem milden Frühlingsstart kann es überraschende Nachtfröste geben, die zu Frostschäden führen. Am Niederrhein liegt die Spätfrostgefahr auch in der zweiten Aprilhälfte noch bei etwa 50 Prozent. Ein Herausstellen warm überwinterter Feigen im April kann deshalb gut gehen. Die Wahrscheinlichkeit, dass es zu Spätfrostschäden kommt, ist aber ungefähr genauso groß, in den meisten anderen Regionen Mitteleuropas sogar noch etwas größer.

Was heißt das nun? Ein Herausstellen im April, überhaupt vor den Eisheiligen Mitte Mai, ist nur dann zu verantworten, wenn zum einen die Wetterprognose für die nächsten zwei Wochen – für diesen Zeitraum ist die Vorhersage zumindest in der Tendenz einigermaßen verlässlich – auch in der Nacht und vor allem in den Morgenstunden stabil Plusgrade in Aussicht stellt und zum anderen die Möglichkeit besteht, auf unerwarteten Nachtfrost mit einem Schutz durch Vlies oder einem nochmaligen Verbringen der Feigen an einen frostfreien Ort zu reagieren. Ein sehr großer Temperaturunterschied zwischen dem Freiland und dem Notquartier wäre für die Feige mit Stress verbunden, der gar einen Blattabwurf zur Folge haben könnte. Sie sollten es deshalb vermeiden, die Feige für die Frostnacht in einen mollig warmen Wohnraum zu holen.

Deutscher Wetterdienst, https://www.dwd.de/DE/leistungen/frost_wahrscheinlichkeit/frostwahrscheinlichkeit.html?nn=634854

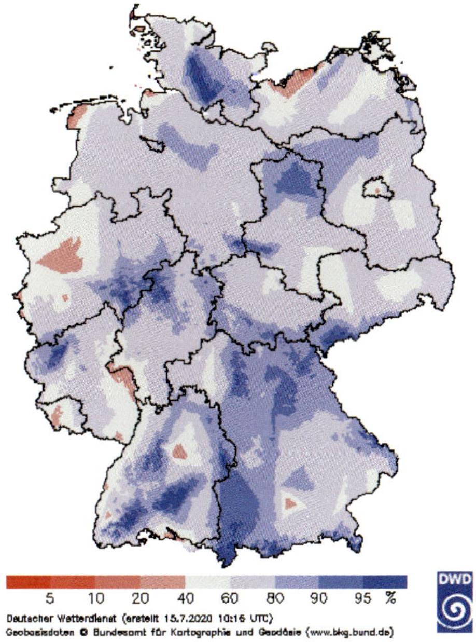

Frostwahrscheinlichkeit ab 15. 4.

Die Frostempfindlichkeit ist bei warm überwinterten Feigen nicht der einzige kritische Punkt: Sie sind generell nicht an kühle Temperaturen gewöhnt (auch wenn diese im niedrigen Plusbereich liegen), ebenso wenig an Wind. Kalten Wind mögen sie besonders wenig. Weil das Laub auch nicht an die UV-Strahlung des Sonnenlichts – die in der Wohnung durch das Fensterglas abgeblockt wird – gewöhnt ist, kann es zu Sonnenbrand kommen. Eine Feigenpflanze wird erheblichem Stress ausgesetzt, wenn sie aus dem geschützten warmen Raum ins raue Freiland versetzt wird. Sie kann einen Wachstumsschock erleiden oder ganz eingehen, wenn sie abrupt ins Freie kommt. Die Umstellung sollte man ihr deshalb erleichtern, indem man sie langsam und nach und nach an die neuen Verhältnisse gewöhnt, sie abhärtet. Den Pflanzen soll ein optimaler Start in die Freiluftsaison ermöglicht werden. Dazu passt man eine Zeit ab, zu der die Außentemperaturen nicht allzu extrem von denen des warmen Aufbewahrungsortes abweichen. Die Prognose bei den Tagestemperaturen sollte für einige Tage stabil im zweistelligen Bereich liegen. Unter diesen Bedingungen stellt man die Feigenpflanze zunächst nur stundenweise, am Anfang wirklich nur circa eine Stunde, heraus. Das Zeitkontingent wird dann nach und nach erhöht. Nachts holt man die Feigenpflanze zunächst wieder herein. Idealerweise stehen die Kübelpflanzen dazu auf Untersetzern oder Brettern mit Rollen oder man benutzt für große Kübel eine Sackkarre. So können sie während des Abhärtens ebenerdig vom Überwinterungsraum ins Freie und zurückgerollt werden.

Als Starttermin für das Abhärten sollte man wegen der Sonnenbrandgefahr nach Möglichkeit einen bedeckten Tag wählen. Da sich der Bedeckungsgrad in den nächsten Tagen ändern kann, ist es empfehlenswert, für die ersten Tage einen überwiegend schattigen, sonnengeschützten Aufstellort, zum Beispiel unter einem Vordach, zu wählen. Dieser Platz sollte auch windgeschützt sein. Soll die Pflanze später daran gewöhnt werden, direkt in der Sonne zu stehen, eignet sich dafür zu Anfang die Morgensonne am besten.

Nach einigen Tagen sind die Pflänzchen so weit abgehärtet, dass sie sich nicht mehr „erkälten", keine Schäden durch den Wind und auch keinen Sonnenbrand mehr bekommen. Zumindest bei bedecktem Himmel, der eine allzu starke Abkühlung verhindert, sollten dann auch die Nächte mild genug sein, die Pflanzen draußen zu belassen.

Römisches Neujahrsfest

Der antike Dichter Ovid hat in dem Gedichtband Fasti alle Festtage des römischen Kalenders und die zugehörigen Bräuche beschrieben. Über das Neujahrsfest heißt es dort, dass Verwandte, Freunde und Nachbarn einander an diesem Tag – ganz wie heute üblich – ein frohes neues Jahr wünschten. Sie schenkten einander Datteln, Feigen und Honig als gutes Omen dafür, dass das ganze Jahr so süß werde wie diese Gaben. In einem Punkt unterschied sich die Begehung des Neujahrstages allerdings grundlegend von der heutigen Praxis:

Es wurde erwartet, dass die Menschen am Neujahrstag zumindest ein wenig arbeiteten, um nicht das neue Jahr gleich mit bloßem Müßiggang zu beginnen.

Der Feigenbaum als Zimmerpflanze

Eine nahe Verwandte der Echten Feige, die Birkenfeige (Ficus benjamini), ist in unseren Wohnungen ein alltäglicher Anblick. Weniger bekannt ist, dass sich auch die – etwas anspruchsvolleren – fruchttragenden Echten Feigenbäume für die Zimmerkultur eignen. Selbstbefruchtende Feigenbäumchen setzen bei guter Pflege im Haus sogar Früchte an.

DER OPTIMALE STANDORT

Besonders prächtig gedeiht die Feige an einem sonnigen Fenster oder im Wintergarten. Sie sollten aber beachten, dass die Gehölze auch in ihrer südlichen Heimat mit niedrigeren Wintertemperaturen konfrontiert werden. In der kalten Jahreszeit ist es deshalb empfehlenswert, der Feige einen etwas kühleren Platz in der Wohnung zu geben. Ideal sind Temperaturen von etwa 10 °C.

KULTURBEDINGUNGEN

In Bezug auf das geeignete Substrat, das Düngen und Wässern gelten die gleichen Regeln wie für die draußen kultivierten Topffeigen. Viele Feigen wachsen auch in Hydrokultur gut, da sich in dem Spezialgranulat keine Staunässe bilden kann und die Pflanzen optimal mit Feuchtigkeit und Nährstoffen versorgt werden.

KRANKHEITEN UND SCHÄDLINGE

Zimmerfeigen sind leider etwas anfällig gegenüber Krankheiten und Schädlingen. Kontrollieren Sie die Pflanze deshalb regelmäßig auf Befall.

Sklaven in Latium

Im antiken Latium, der Region um Rom, erhielten Sklavinnen am 7. Juli besondere Freiheiten. Sie kleideten sich als freie Frauen, schlemmten unter einem wilden Feigenbaum, schlugen einander mit Feigenruten und brachten Juno Caprotina, der Göttin des wilden Feigenbaums, milchigen Feigensaft als Opfer dar.

Vermehren von Feigen

Feigenpflanzen können auf verschiedene Weise vermehrt werden. Nicht alle Methoden sind für den Hobbygärtner geeignet. Die **Gewebekultur** etwa, mit der heute eine schnelle Massenvermehrung erreicht wird, setzt eine Laboreinrichtung voraus. Die Vermehrung durch **Veredelung**, also durch **Pfropfen** oder durch **Okulation**, bei der Teile einer bestimmten Pflanze mit dem Wurzelstock einer anderen verbunden werden, ist bei Feigen möglich. Sie ist aber recht kompliziert, ohne relevante Vorteile gegenüber anderen Vermehrungsmethoden zu bringen. Hier konzentrieren wir uns deshalb auf Praktiken, die im Hausgarten problemlos angewandt werden können. Dazu gehört die Vermehrung durch **Samen**, durch **Stecklinge** und **Absenker** sowie das **Abmoosen**.

SÄMLINGE

In der Natur vermehren sich Feigen hauptsächlich über Samen, die von Vögeln und Tieren verbreitet werden. Pflanzen, die an Wänden, Gebäuden, Hängen und an vernachlässigten Orten auftauchen, zeugen davon.

Für unsere Zwecke ergibt das Aussäen von Samen allerdings keinen Sinn:

Früchte, die sich an bei uns wachsenden Feigen bilden, haben – wie im Kapitel *Jungfernfrüchtigkeit* gezeigt wurde – keine keimfähigen Samen. Für ein Aussäen kommen damit nur Samen von Früchten aus dem Supermarkt – die in der Regel aus den Mittelmeerländern stammen – oder von Früchten in Betracht, die wir selbst aus dem Urlaub am Mittelmeer mitgebracht haben. Solche Früchte können, weil befruchtet, keimfähige Samen enthalten. Die Samen gehen oft recht schnell auf und man ist stolzer Besitzer vieler kleiner Feigenpflanzen. Oft folgt nach einigen Jahren die Enttäuschung, wenn man merkt, dass die Pflanzen keine essbaren Früchte hervorbringen. Das kann zwei Gründe haben: Zum einen entsteht aus einem Samen genauso leicht eine wertlose (männliche) Bocksfeige wie eine (weibliche) Fruchtfeige. Zum anderen kann der Sämling von einer Feige des „Smyrna-Typs" abstammen und die Eigenschaft geerbt haben, ohne Befruchtung durch die bei uns nicht vorkommende Feigenwespe keine ausreifenden Früchte zu bilden.

Dass nicht jede Feigenpflanze essbare Früchte hervorbringt, ist altbekannt. Das zeigt ein Gleichnis, das sich in der Bibel im Lukasevangelium (13, 6-9) findet:

„6 Ein Mann hatte in seinem Weinberg einen Feigenbaum gepflanzt; und als er kam und nachsah, ob er Früchte trug, fand er keine. 7 Da sagte er zu seinem Winzer: Siehe, jetzt komme ich schon drei Jahre und sehe nach, ob dieser Feigenbaum Früchte trägt, und finde nichts. Hau ihn um! Was soll er weiter dem Boden seine Kraft nehmen? 8 Der Winzer erwiderte: Herr, lass ihn dieses Jahr noch stehen; ich will den Boden um ihn herum aufgraben

und düngen. 9 Vielleicht trägt er in Zukunft Früchte; wenn nicht, dann lass ihn umhauen!"

Hinzu kommt, dass aus Samen entstandene Feigen von der Mutterpflanze abweichen, also nicht sortentypisch sind. Im Allgemeinen verfügen sie über weniger wertvolle Eigenschaften als die Mutterpflanze und die üblicherweise angebauten Sorten, die ja das Ergebnis langer Auslese sind. Vor allem ist es sehr unwahrscheinlich, dass ein zufällig entstandener Abkömmling mediterraner Eltern für mitteleuropäische Klimabedingungen geeignet ist.

Man ist daher gut beraten, auf die Vermehrung durch Samen zu verzichten.

STECKLINGE

Als Stecklinge bezeichnet man Teile einer Pflanze, die man abschneidet und in ein Kultursubstrat steckt, damit sie eigene Wurzeln schlagen und sich so zu neuen, selbstständigen Pflanzen entwickeln.

Stecklinge sind die einfachste und – bis zum Aufkommen der Gewebekultur – gebräuchlichste Methode zur Vermehrung Echter Feigen. Zum einen werden dabei, weil Klone, also genetisch identische Abkömmlinge entstehen, die Sorten rein erhalten. Zum anderen lässt sich Ficus carica, wie schon der antike griechische Naturforscher Theophrast wusste, schneller als jeder andere Obstbaum durch Stecklinge vermehren, da die Pflanze leicht bewurzelt. Die Erfolgsquote ist aber nicht bei allen Sorten gleich.

Wie kommt man nun an die Stecklinge? Wenn nicht schon die Mutterpflanze im eigenen Garten wächst, liegt es nahe, sich woanders einen Baum zu suchen, von dem man ein Steckholz abtrennen kann. Am einfachsten findet man Feigenbäume in den Mittelmeerländern. Allerdings wird man an Stecklingen, die man dort schneidet, in der Regel wenig Freude haben. Früchte wird man von so einem Mitbringsel kaum einmal ernten. Zum einen kann die Mutterpflanze, was inzwischen aber auch am Mittelmeer die Ausnahme ist, vom „Smyrna-Typ" sein und deshalb in unseren Breiten keine essbaren Früchte hervorbringen (siehe oben). Noch wahrscheinlicher ist, dass die Sorte, von der unser Steckling stammt, nur Herbstfrüchte trägt, die, weil die Sorte für lange und heiße Sommer ausgelesen wurde, in unseren Breiten selten ausreifen. Lassen Sie mich das anhand eigener Erfahrungen erläutern: Von insgesamt 44 Feigensorten, die man auf Mallorca gefunden hat, tragen nur sieben Sommerfrüchte. Ich selbst habe von vier verschiedenen – mir unbekannten – Sorten im Februar auf Mallorca Stecklinge geschnitten. Von ihnen hat nicht eine einzige Sommerfrüchte zur Reife gebracht. Von den Herbstfeigen sind nur im Jahrhundertsommer 2018 einige zur Reife gelangt. Also: Wenn Sie nur ein wenig experimentieren wollen und Ihnen eine gut gewachsene, wenngleich nicht fruchtende Pflanze im Kübel oder auch im Freiland als Urlaubserinnerung reicht, können Sie meinem Beispiel gern folgen. Wenn Sie aber die Chancen, leckere Feigen zu ernten, nüchtern der viel größeren Wahrscheinlichkeit gegenüberstellen, bei den Früchten Jahr für Jahr leer auszugehen, macht der Aufwand, Stecklinge vom Mittelmeer heranzuziehen, kaum Sinn. Mit einer Ausnahme vielleicht: Sie könnten sich zu der Zeit, in der in den Mittelmeerländern die Sommerfrüchte reifen, also etwa im Juni, gezielt auf die Suche nach gut fruchtenden Bäumen machen und gerade von diesen Bäumen (Grün-)Stecklinge schneiden. Dann könnte es bei Ihnen zu Hause doch noch mit Früchten von einem Urlaubsmitbringsel klappen. Allerdings werden die Sommerfrüchte in Deutschland um einige Wochen später, also wohl erst im August, zur Reife gelangen.

Am besten ist es, Stecklinge, wenn nicht von eigenen Mutterpflanzen, so doch von einem (selbstfruchtenden!) Baum zu nehmen, der in Mitteleuropa bereits bewiesen hat, dass er unter unseren Klimabedingungen viele Früchte zur Reife bringt. Ist einem solch ein Baum bekannt, kann man den Eigentümer um einen Steckling bitten. Alternativ kann man in einem Gartenforum im Internet nach Stecklingen fragen (vielleicht hat man ja etwas im Tausch anzubieten).

Welches Holz ist nun als Steckling geeignet und wann sollte es geschnitten werden?

Jedes gesunde, unverzweigte Holz bis zu einem Alter von zwei oder drei Jahren kann für Stecklinge verwendet werden, sofern es nicht allzu weich und saftig ist. Deshalb gibt es neben der Variante mit verholzten Stecklingen auch jene mit grünen jungen Ästen. Bei Feigen geht eben sehr vieles!

Als Faustregel gilt: **Je verholzter, desto schwieriger die Bewurzelung – je frischer, desto leichter, aber desto eher faulen die Stecklinge.** Am besten gehen Stecklinge aus halbreifem oder einjährigem Holz an – altes Holz braucht oft länger und treibt häufig nicht aus dem Holz, sondern aus den neu gebildeten Wurzeln aus.

Am gebräuchlichsten ist die Bewurzelung **blattloser Stecklinge.** Sie werden vorzugsweise zum Ende des Winters oder im Vorfrühling (im Februar/März), jedenfalls vor dem Austrieb, geschnitten. Man kann das mit dem Winterschnitt der Feigenpflanzen verbinden und die Stecklinge aus dem ohnehin anfallenden Schnittgut gewinnen. Grundsätzlich können die Stecklinge aber während der gesamten Winterruhe geschnitten werden, also ab etwa November. Bei einem sehr frühen Schnitt muss man allerdings die Stecklinge, wenn sie unmittelbar nach dem Schnitt in das Anzuchtsubstrat kommen, über viel längere Zeit – bis in den April hinein – in einem beheizten Raum überwintern. Will man das vermeiden, können die geschnittenen Stecklinge in einem feuchten (nicht nassen!) Sandbett – mehrere Zentimeter tief mit sandigem Boden bedeckt – einige Zeit zwischengelagert und erst später in das Substrat gesetzt werden. Austrocknen dürfen sie auf keinen Fall!

Alternativ zu den blattlosen Stecklingen können während der Vegetationszeit auch halbwegs verholzte **Grünstecklinge** verwendet werden. Sollen Grünstecklinge aus dem Urlaub mitgenommen werden, geht man am besten wie folgt vor: Die Blätter werden, weil sie später ohnehin abfielen, entfernt und die untere Schnittstelle wird mit einem feuchten Papiertaschentuch oder einer nassen Tageszeitung – deren Druckerschwärze sogar desinfizierend wirkt – umwickelt. Das Ganze kommt dann in einen ausreichend großen Klarsichtbeutel aus Plastik, der dicht verschlossen wird, am einfachsten mit einem Druckverschluss (Zip-Lock-Beutel) oder einem Reißverschluss, notfalls mit einem Gummiband. Der Beutel muss täglich gelüftet werden. Meistens treiben die Pflanzen bereits wieder, wenn sie zu Hause ausgepackt werden – manchmal bilden sich in der feuchten Luft an allen Augen Wurzeln und frische Blätter. Blattlose Stecklinge, die während der Winterruhe geschnitten wurden, können genauso behandelt werden. Sie können aber kurze Zeit auch „trocken" aufbewahrt werden, ohne Schaden zu nehmen.

Als Stecklinge kann man abgeschnittene Triebspitzen, Kopfstecklinge genannt, aber auch Teile eines Triebes ohne Endknospe, also Zwischenstücke, verwenden. Kopfstecklinge haben den kleinen Nachteil, dass sie dazu neigen, das terminale Wachstum zu beginnen, bevor sich ein Wurzelsystem etabliert. Schließlich kann man auch Wurzeltriebe als Stecklinge verwenden und so aus der Not, die Wurzeltriebe bei der Mutterpflanze ohnehin entfernen zu müssen, eine Tugend machen.

Feigenstecklinge

Der Steckling sollte mindestens 15 Zentimeter und höchstens 30 Zentimeter lang sein. 20 bis 25 Zentimeter könnten das Idealmaß sein. Der Steckling sollte etwa fingerdick sein. Ich habe aber – bei der Sorte *Desert King* – auch schon erfolgreich mit nur bleistiftdicken Trieben gearbeitet, die gut austrieben und schon im ersten Jahr auf 1,50 Meter Höhe gewachsen sind.

Die Stecklinge sollten möglichst viele Knoten, also Knospen und schlafende Augen, aufweisen, aus denen sie austreiben können. Stecklinge mit kurzen Intervallen zwischen den Knoten und insgesamt etwa 6 Knoten versprechen den größten Erfolg.

- *Man schneidet die Stecklinge unten direkt unterhalb eines Knotens, oben direkt über einem Knoten. Wenn der untere Schnitt gerade und der obere Schnitt schräg ausgeführt werden, hat man später auch bei Zwischenstücken wenig Schwierigkeiten, die Stecklinge mit der richtigen Seite nach oben einzupflanzen.*
- *Die Schnitte werden mit einer scharfen und möglichst sterilen Gartenschere ausgeführt.*
- *Die Schnittflächen lässt man antrocknen, etwa indem man den abgeschnittenen Trieb einen Tag möglichst kühl und im Schatten ruhen lässt. Alternativ kann man die Schnittflächen mit Holzkohlestaub einstäuben. Danach wird das Holz so schnell wie möglich aufgearbeitet, um ein Austrocknen des ganzen Stecklings – eines der größten Risiken bei der Stecklingsvermehrung! – zu verhindern.*
- *Man kann die obere Schnittstelle mit einem Versiegelungsmittel behandeln, um sie vor Krankheiten zu schützen. Gleichzeitig kann die untere Schnittstelle mit einem Puder, zum Beispiel Rhizopon, oder Gel benetzt werden, das Hormone enthält, welche die Bewurzelung anregen. Die Beschaffung dieser Mittel ist mit etwas Aufwand verbunden und auch nicht ganz billig. Unbedingt nötig sind Versiegelung und Bewurzelungshormon nicht. Vielleicht gibt es ohne sie den einen oder anderen Ausfall mehr, die Erfolgsquote wird aber auch ohne sie hoch sein.*

In Bezug auf das Medium, in dem die Bewurzelung stattfindet, gibt es mehrere Optionen:

BEWURZELN IM WASSER

Bei der ersten Variante wird der Steckling etwa zwei bis vier Zentimeter tief in Wasser gestellt. Dafür bietet sich ein Einmachglas an, weil es recht breit ist und oben eine große Öffnung hat. Natürlich geht auch ein anderes Glas. Das Glas mit dem Steckling stellt man an einen warmen und hellen Ort. Pralle Sonne sollte man allerdings vermeiden. Sodann wird geduldig gewartet, bis der Steckling Wurzeln treibt. Währenddessen muss nur das Wasser in kurzen Abständen gewechselt werden.

Auf dem Steckling entstehen nach einiger Zeit im unteren Bereich kleine weiße Punkte, die sich aber noch abwischen lassen. Es sind noch keine Wurzeln, aber ein Vorzeichen.

Sobald sich dann Wurzeln, und zwar extrem fragile Wasserwurzeln, gebildet haben, wird der Steckling vorsichtig in einen Topf mit sehr lockerer Erde gepflanzt. Wichtig ist, nicht so lange mit dem Umtopfen zu warten, bis das ganze Wasserglas voller Wurzeln ist.

Nach dem Einpflanzen wird der Steckling leicht feucht gehalten. Staunässe muss – wie immer – vermieden werden.

Die „Wasserwurzeln" müssen sich an die Erde erst gewöhnen. Letztlich sollte der Steckling aber aus den Knoten und – soweit vorhanden – aus der Endknospe austreiben.

BEWURZELN IM KLARSICHTBEUTEL

Wie dargelegt, lässt sich ein Steckling auch dadurch bewurzeln, dass er, in eine nasse Zeitung oder ein Küchenpapier eingewickelt, in einem verschlossenen Klarsichtbeutel aufbewahrt wird. Sobald sich Wurzeln gebildet haben, wird der Steckling in einen Topf gepflanzt, weiter warm gehalten und zum Austreiben veranlasst.

BEWURZELUNG IN DER ERDE

Alternativ zur Bewurzelung im Wasser oder Klarsichtbeutel kann der Steckling auch in festes Substrat gesteckt werden. Dabei gibt es zwei Varianten: Zum einen kann der Steckling ins Freiland gesetzt werden, und zwar entweder für ein Jahr – 30 Zentimeter voneinander entfernt – in ein Anzuchtbeet oder aber schon direkt an den endgültigen Standort. In diesem Fall sollte er eine Mindestlänge von 30 Zentimetern haben. Der Steckling sollte in den Boden gebracht werden, sobald dieser ordnungsgemäß vorbereitet, vor allem gelockert werden kann, im Allgemeinen um den 15.

März. Nach dem Pflanzen sollte sofort bewässert werden. Auch später sollte der Boden feucht gehalten werden, um ein beständiges Wachstum während der gesamten Saison aufrechtzuerhalten.

Die andere Möglichkeit besteht darin, den Steckling zunächst in einem Topf mit Pflanzsubstrat zum Bewurzeln und zum Austrieb zu bringen, bevor er später ins Freiland umgepflanzt wird. Das hat den Vorteil, dass man nicht erst auf frostfreien Boden warten muss und der Steckling auch nicht durch Kälteperioden im März oder April in seiner Entwicklung gehemmt wird. Stecklinge in Töpfen können nämlich in der beheizten Wohnung oder einem warmen Gewächshaus gezogen werden, und das, wenn man möchte, über den ganzen Winter. Allerdings ist ein so früher Start nur bedingt sinnvoll: Wird nämlich eine Feige zu lange in einem kleinen Topf gehalten, wachsen ihre Wurzeln am inneren Topfrand im Kreis. Solche Drehwurzeln erschweren später im Freiland die Ausbildung eines „normalen" Wurzelsystems mit flächig ausgebreiteten Wurzeln. Es ist daher besser, mit der Aufzucht von Stecklingen in Wohnung oder Gewächshaus erst im Spätwinter oder im Vorfrühling zu beginnen. Der Steckling bewurzelt sich dann immer noch sehr viel früher als im Freiland und treibt auch früher aus. Er ist im Mai so weit, dass er bereits an seinen endgültigen Standort im Freiland umgepflanzt werden kann. Er behält seinen Entwicklungsfortschritt und ist dann bei einigen Sorten am Ende der ersten Vegetationsperiode 1,50 Meter hoch und so weit, dass er schon Sommerfrüchte für das folgende Jahr anlegt. Auch wird sein Holz im Herbst so ausgereift sein, dass größere Winterschäden voraussichtlich ausbleiben. Jedenfalls habe ich diese Erfahrung am wintermilden Niederrhein gemacht. In weniger begünstigten Regionen kann man den Steckling zunächst im Topf, besser noch in einem größeren Kübel, behalten und ihn im ersten Winter frostfrei stellen. Im nächsten Frühjahr kann er dann auch dort ins Freiland, vorausgesetzt, dass am jeweiligen Ort überhaupt eine Freilandkultur möglich ist (siehe oben).

Hier eine kleine Anleitung für die Stecklingsanzucht im Topf:

- *Ideal ist ein hohes Pflanzgefäß mit etwa zwei Litern Inhalt. Im Boden muss es Löcher haben, damit kein Wasser stehen bleibt.*
- *Zunächst wird eine Drainageschicht aus Tonscherben, Blähton oder Ähnlichem eingebracht.*
- *Das Substrat für den Topf muss Feuchtigkeit speichern können, gleichzeitig aber gut durchlüftet sein, damit Fäulnis und Schimmelbildung verhindert werden. Diesen Anforderungen wird „**Lechuza-PON**" – ein feinkörniges (drei bis fünf Millimeter) Gemisch auf mineralischer Basis aus Bims, Lava und Zeolith – besonders gerecht. Empfehlenswert ist auch ein **Sand-Perlit-Gemisch im Verhältnis 1:1.** Perlit ist vulkanisches Glas, sogenannter Obsidian. Es hat ein besonders hohes Porenvolumen, das die Luftdurchlässigkeit verbessert. „Lechuza-PON" wie auch Perlit bekommt man in Gartencentern. Allerdings kann man es sich beim Substrat auch leichter machen, ohne allzu viele Ausfälle zu provozieren. Eine selbst hergestellte **Mischung aus 75 Prozent lockerer Gartenerde und 25 Prozent Sand** tut es auch. Auf den Sandanteil sollten Sie aber nicht verzichten, trägt er doch wegen seiner groben Kornstruktur wesentlich zur gewünschten Belüftung bei.*
- *Die Stecklinge gründlich unter fließendem Wasser mit einer Bürste reinigen.*
- *Etwa zwei bis drei Zentimeter Substrat einfüllen, damit die Stecklinge nicht direkt auf dem Boden und im Wasser stehen.*
- *Der Steckling wird so in den Topf gesetzt und ausgerichtet, dass er aufrecht oder leicht schräg steht und letztlich zu mindestens einem Drittel im Substrat steckt. Anschließend wird der Topf mit Substrat aufgefüllt.*
- *Über Steckling und Topf wird eine Plastiktüte als Haube gestülpt. Sie muss unten am Topf oder auf dem Boden so gut anliegen, dass im Inneren der Haube Feuchtigkeit und Wärme erhalten bleiben.*

Ganz wichtig: Die Haube, an der innen Feuchtigkeit kondensiert, muss etwas Abstand zum Steckling haben. Der frische Austrieb aus dem Holz verträgt nämlich keinen Kontakt mit einer dauerhaft nassen Oberfläche. Einen Kontakt zwischen Haube und Steckling können Sie sehr einfach vermeiden, indem Sie am Rand des Topfes in gleichmäßigem Abstand vier Stöckchen in die Erde drücken, an denen die Haube von außen anliegt. Achten Sie dabei darauf, dass die Stöckchen den Steckling etwas überragen. Die Stöckchen dienen so nach allen Seiten als Abstandhalter zum Steckling.

- Damit die Feige gut wurzelt, wird das Pflanzgefäß mit dem Steckling an einen warmen Ort gestellt, zum Beispiel auf eine Fensterbank mit Heizkörper darunter. Die Temperatur sollte nicht unter 20 °C liegen. Ideal ist eine Temperatur von etwa 25 °C für das Substrat.
- Stellen Sie die Stecklinge etwa zwei Wochen eher dunkel. Wenn man sie direkt ins Licht stellt, wächst die Gefahr, dass sie, noch

Einen Kontakt zwischen Haube und Steckling können Sie sehr einfach vermeiden, indem Sie am Rand des Topfes in gleichmäßigem Abstand vier Stöckchen in die Erde drücken, an denen die Haube von außen anliegt. Achten Sie dabei darauf, dass die Stöckchen den Steckling etwas überragen. Die Stöckchen dienen so nach allen Seiten als Abstandhalter zum Steckling.

bevor sich Wurzeln bilden, aus den Knospen treiben. Auch danach sollten Sie zunächst weiter im (Halb-)Schatten bleiben. Die Stecklinge dürfen nicht der prallen Sonne ausgesetzt werden, da der Austrieb sehr empfindlich ist.

- *Das Substrat leicht feucht halten, jedoch nicht zu feucht und schon gar nicht nass. Bei guten Steckhölzern scheitert eine erfolgreiche Stecklingsvermehrung fast ausschließlich an zu viel Wasser. Also halten Sie die Stecklinge eher etwas zu trocken als zu nass. Auf dem Untersetzer darf kein Wasser länger stehen bleiben!*
- *Regelmäßig lüften, damit sich kein Schimmel bildet.*
- *Stecklinge reagieren empfindlich auf Stress. Vermeiden Sie wechselnde Temperaturen, Lichtmangel oder zu hohe Sonneneinstrahlung und sorgen Sie bis zur Bewurzelung für gleichmäßige Wuchsbedingungen.*
- *Schauen Sie nach dem* ***Stamm****: Sollte er* ***schrumpelig*** *werden, dann prüft man mit Daumen und Zeigefinger, ob der Stamm schlüpfrig ist. Wenn das der Fall ist, ist die Vermehrung leider nicht geglückt.*
- *Stecklinge, die wegen der Plastikhaube hohe Luftfeuchtigkeit genießen, entwickeln innerhalb von etwa zwei bis drei Wochen Wurzeln. Bei kühleren Temperaturen dauert es etwas länger.*
- *Wenn die Pflanze nicht nur austreibt, sondern auch weiterwächst, kann man von einer erfolgreichen Wurzelbildung ausgehen.*
- *Sobald stärkeres Wachstum einsetzt, bewegen Sie den Topf allmählich in die volle Sonne. In der letzten Phase ist sogar ein Südfenster empfehlenswert.*
- *Sobald der Topf gut durchwurzelt ist, kann der Steckling vorsichtig umgetopft werden. Dabei darauf achten, dass die Wurzeln nicht beschädigt werden.*
- *Auch die kleinen Pflanzen sollten auf keinen Fall der prallen Sonne ausgesetzt werden, da sie noch sehr empfindlich sind.*

- *Es ist möglich, dass die Pflanze Blätter verliert oder diese etwas unschön aussehen und trockene Flecken bekommen. Dies ist völlig normal und man braucht sich keine Gedanken machen.*
- *Wenn Sie die Feigenpflanze später als Baum ziehen wollen, sollten Wurzeltriebe und Seitentriebe bald nach ihrem Auftreten entfernt werden, so dass ein einziger, unverzweigter Stamm übrigbleibt. Die Schösslinge, die oft nicht einmal eigene Wurzeln haben, rauben dem Haupttrieb die Energie.*

Von fünf Stecklingen bilden in der Regel vier bis fünf Wurzeln und treiben aus. Sobald ein Steckling mehrere Blätter produziert hat, kann er aus- oder in einen größeren Topf umgepflanzt werden. Dabei begraben Sie ihn bis zum untersten Blatt, um ihn möglichst tief wurzeln zu lassen. Das macht ihn etwas trockenheitsresistenter.

Grünstecklinge werden den ersten Winter frostfrei überwintert.

Die Stecklingsvermehrung hat Suchtpotenzial: Nicht selten entstehen durch eingetopfte Stecklinge weit mehr Pflanzen, als im Garten untergebracht werden können. Damit hat man ein schönes Geschenk für den einen oder anderen Geburtstag. Man mag aber auch nicht umhinkommen, die eine oder andere Feigenpflanze auszusortieren, etwa Altpflanzen einer Sorte, die unsere Erwartungen nicht erfüllt hat.

Zerstörung Karthagos

Nach einer Anekdote, die zuerst vom römischen Gelehrten Plinius dem Älteren, später auch vom griechischen Historiker Plutarch wiedergegeben wurde, beeinflusste die Feige eine wichtige politische Entscheidung. Dazu müssen wir wissen, dass anscheinend schon vor der Zeitenwende in Nordafrika angebaute Feigen als Frischobst nach Rom verschifft wurden.

Der römische Senator Cato der Ältere warb für einen neuerlichen Krieg gegen das wiedererstarkte Karthago. Um die gefährliche Nähe des Feindes aufzuzeigen, holte er während einer Rede im Senat eine Feige aus seiner Toga hervor und sprach: „Ich möchte von Ihnen wissen, wie viel Zeit verstrichen ist, seit diese Feige gepflückt wurde?" Als die Senatoren sich überzeugt zeigten, dass die Feige wirklich frisch war, rief Cato: „In der Tat! Es sind keine drei Tage vergangen, seit diese Feige in Karthago geerntet wurde. So nah ist der Feind an unseren Mauern." Mit diesem Argument soll er die Senatoren dazu gebracht haben, den Dritten Punischen Krieg zu beginnen und Karthago, Roms alten Rivalen, zu zerstören.

ABSENKER

Die Vermehrung von Feigen durch Absenker wird seit Langem praktiziert. Der spätere amerikanische Präsident Thomas Jefferson schrieb Ende des 18. Jahrhunderts an einen Freund:

„Ich habe in diesem Frühjahr einige der jungen Zweige meiner Marseille-Feige niedergelegt, damit sie Wurzeln schlagen. Diese Methode ist sicherer ist als die mit Stecklingen."

Im Einzelnen geht man bei der Vermehrung durch Absenker wie folgt vor: Von einer gut tragenden Mutterpflanze biegt man einen langen Trieb des Wachstums der vorherigen Saison herunter und ritzt die Rinde an der Unterseite leicht an, um die grüne innere Rinde freizulegen – alternativ kann man auch einen schrägen Schnitt auf halber Strecke durch das Holz machen. Dann fixiert man den angekratzten/angeschnittenen Bereich fest auf dem Boden und bedeckt ihn mit Erde. Die Spitze des Triebs bleibt frei und aufrecht stehen. Innerhalb weniger Wochen entwickeln sich Wurzeln und spätestens im nächsten Frühjahr kann der Trieb von der Mutterpflanze abgeschnitten und an den gewünschten Ort verpflanzt werden.

Man kann den Absenker auch in einem Topf wurzeln lassen, bevor man ihn abtrennt und verpflanzt. Damit vermeidet man, dass das Wurzelsystem beim Ausgraben des Absenkers verletzt wird.

Eine weitere Variante besteht darin, den herabgebogenen Trieb waagrecht in eine flache Furche zu legen und – bis auf die Spitze – mit Erde zu bedecken. Aus den in der Erde befindlichen Augen werden voraussichtlich gleich mehrere junge Triebe nach oben wachsen. Jeder von ihnen sollte an der Basis über Wurzeln verfügen und später als separate Pflanze behandelt werden können.

ABMOOSEN

Abmoosen ist die schnellste Methode, Feigen zu vermehren. Das geht mit einer Plastiktüte und zwei Gummibändern oder mit einer aufgeschnittenen, durch Kabelbinder oder Klebeband zusammengehaltenen PET-Flasche, die man mit einem Substrat füllt, das es feucht zu halten gilt. Dafür eignet sich Sphagnum-Moos (daher der Name „abmoosen"), aber es lassen sich auch gute Erfolge mit einem Gemisch aus Blumenerde und Perlite (60:40) erzielen.

Die Feige bildet in dem Substrat sehr zuverlässig Wurzeln. Es ist nicht notwendig, dafür die Rinde zu entfernen oder einzuschneiden. Abgetrennte Triebe mit einigen Wurzeln sind zum Pflanzen bereit.

Die beste Zeit für das Abmoosen ist die Wachstumsperiode der Pflanzen von April bis September, vor allem aber – wegen der die Wurzelbildung begünstigenden Temperaturen – der Hochsommer.

Der römische Koch Apicius

Marcus Gavius Apicius war ein römischer Feinschmecker der Antike, der um die Zeitenwende lebte. Unter seinem Namen wurde das älteste erhaltene römische Kochbuch De re coquinaria („Über die Kochkunst") veröffentlicht. Plinius der Ältere schreibt über ihn, er sei der größte Prasser und zu aller Art von Luxus geboren.

Von Apicius stammt nach Plinius die Idee, Schweine mit getrockneten Feigen zu mästen, um eine besonders wohlschmeckende Leber, ficatum genannt, zu erhalten. In vielen romanischen Sprachen ist der Begriff ficatum leicht verändert sogar zur allgemeinen Bezeichnung für Leber geworden. So heißt die Leber im Italienischen fegato, im Spanischen hígado und im Französischen foie.

ERNTE

Normalerweise sind bereits 50 Zentimeter hohe Pflanzen in der Lage, Früchte auszutragen. Die Bäume tragen deshalb oft bereits im zweiten Jahr nach der Pflanzung einige Früchte. Vollertrag tritt nach fünf bis acht Jahren ein und hält bei angemessener Pflege des Baumes rund 15 bis 20 Jahre an, bevor der Ertrag nachlässt. Mitunter wird auch davon ausgegangen, dass der Ertrag vom Erreichen des Vollertrags an jährlich um fünf Prozent nachlässt.

Erntemenge

Die Erntemenge wird von einer Reihe von Faktoren beeinflusst, zu denen Sorte und Wachstumsbedingungen gehören.

Die zu erwartende Erntemenge ist im Vergleich zu anderen Obstgehölzen in Relation zur Größe der jeweiligen Pflanze enorm. Nach dem römischen Autor Plinius dem Älteren lieferte ein Einzelbaum schon in der Antike jährlich bis zu 270 frische Feigen.

Erntezeit

In Mitteleuropa reifen die ersten Feigenfrüchte ab Ende Juli. Wie viele andere Früchte benötigen die verschiedenen Feigensorten unterschiedlich viel Zeit, damit ihre Früchte reif werden. Auch deshalb besteht durch den Anbau mehrerer nacheinander reifender Sorten die Möglichkeit, bis Oktober fast ohne Unterbrechung Feigen zu ernten.

Bei Herbstfeigen reifen nicht alle Feigen an einem Baum gleichzeitig, sondern nach und nach. Jeden Tag sind wieder einige Früchte reif und sollten gepflückt werden. So haben Sie über vier bis sechs Wochen frische Früchte. Das wird denjenigen freuen, der ein oder zwei Sträucher im Garten hat und während der Saison jeden Morgen vier oder fünf frische Früchte pflücken kann.

Bei den Sommerfrüchten befinden sich alle Feigen-Syconia auf demselben Trieb in einem ähnlichen Entwicklungsstadium, so dass die Erntezeit nur zwei bis drei Wochen dauert. Bei warmem Wetter kann sich das Erntefenster gar auf nur sieben bis zwölf Tage verkürzen.

Nicht zu früh ernten

Wer eigene Feigen hat, lässt sie geduldig möglichst lange am Baum, bis die Früchte vollreif sind. Wenn Sie die Frucht etwas länger am Baum lassen, werden ihr Geschmack und ihre Süße dramatisch gesteigert. Einige Obstarten, wie die Birne, können grün geerntet werden und reifen nach dem Pflücken nach. Feigen tun das nicht. Sie müssen am Baum ausreifen, um den optimalen Geschmack und die volle Süße zu entwickeln. Die Qualität einer grün-reif gepflückten Feige entspricht nie der einer Frucht, die am Baum reifen und da ihren vollen Zuckergehalt erreichen kann. Nach der Ernte können die Feigen zwar weiter weich werden und ihre Farbe ändern, ihr Zuckergehalt steigt jedoch nicht mehr an.

Feigen zum richtigen Zeitpunkt zu pflücken erfordert Geduld und ein geschultes Auge. Anzeichen dafür, dass Feigen die Vollreife erreicht haben, sind:

- *Sie beginnen, sich zu verfärben (außer im Fall einiger „heller" Feigen). Sie haben ihre sortentypische Farbe. Dramatische Pigmentveränderungen treten während der späten zweiten Phase der Fruchtentwicklung auf, wenn sich die Fruchthäute von grün zu bläulich-schwarz verfärben: Die Chlorophylle und verschiedene Carotinoide nehmen weitere vier Tage ab.*
- *Gleichzeitig werden die Früchte größer und erreichen ihre maximale Größe.*
- *Eine unreife Feige wird aufrecht stehen bleiben, bis sie zu reifen beginnt. Sie fängt dann an, sich am Hals zu biegen. Die Frucht sinkt auf ihrem Stiel herab und hängt schließlich herunter.*

- *Einige Sorten entwickeln als Teil des Reifeprozesses leichte Risse in der Haut.*
- *Eine reife Frucht wird weich und gibt bei leichtem Fingerdruck weich nach.*
- *Reife Früchte lassen sich leicht vom Trieb lösen.*
- *Als Zeichen der Überreife tritt aus der Öffnung an der Spitze (Ostiolum) ein Honigtropfen aus. Eine weitere Indikation ist in einigen Fällen ein süßes, klebriges Sekret nahe der Fruchtbasis. Wenn es während des Reifeprozesses regnet, spaltet sich manchmal die Basis der Feige und sondert einen zuckerhaltigen Saft ab. Dieser ist sehr attraktiv für Wespen, also pflücken Sie die reifen Feigen rechtzeitig!*
- *Sie haben eine Feige etwas zu früh gepflückt, wenn die Stelle, an der der Stiel am Zweig befestigt war, Latexsaft absondert.*
- *Der Baum sollte während der Erntezeit täglich nach reifen Früchten abgesucht werden. Sobald die Früchte reif sind, sollten sie auch geerntet werden, da sie sonst ziemlich rasch zu gären beginnen. Weil sie sehr druckempfindlich sind, sollte man sie nur an der Stielpartie berühren und gepolstert lagern.*

Kleopatra

Feigen sollen auch beim Tod von Kleopatra VII., der letzten ägyptischen Pharaonin, im Jahre 30 v. Chr. eine Rolle gespielt haben. Kleopatra war nacheinander die Geliebte zweier römischer Politiker und Feldherren gewesen, zunächst des Cäsar, dann des Marcus Antonius. Nachdem Letzterer den Machtkampf mit seinem Rivalen Octavian, dem späteren Kaiser Augustus, verloren und sich mit dem eigenen Schwert getötet hatte, wurde Kleopatra von Octavian in ihrem Palast in Alexandria gefangen gesetzt. Als sie erfuhr, dass Octavian beabsichtigte, sie in einem Triumphzug in Rom zur Schau zu stellen, beschloss sie, ihrem Leben ein Ende zu setzen. Sie ließ sich von einem Bauern einen Korb bringen, den die

Wachen passieren ließen, weil sein Inhalt augenscheinlich nur aus Feigen, Kleopatras Lieblingsfrucht, bestand. Wenig später wurde Kleopatra tot aufgefunden. Dem griechischen Schriftsteller Plutarch zufolge ließ sie sich von einer im Feigenkorb versteckten Giftschlange beißen und kam so zu Tode.

Ironie der Geschichte: Schenkt man einem Gerücht Glauben, das der römische Schriftsteller Cassius Dio wiedergegeben hat, könnte auch Kleopatras Widersacher Octavian im Zusammenhang mit Feigen zu Tode gekommen sein. Weil er es mit der ehelichen Treue nicht immer genau genommen habe, soll er von seiner Ehefrau Livia mittels vergifteter Feigen umgebracht worden sein. Allzu wahrscheinlich ist diese Version aber nicht. Räuberpistolen aus dem Leben der Schönen, Reichen und Mächtigen sind eben keine Erfindung moderner Medien. Es gab sie auch schon vor 2.000 Jahren!

Beschleunigen der Reife durch Auftragen von Olivenöl

Stellen wir uns vor, dass es Mitte oder gar Ende September geworden ist, ohne dass die zahlreichen Herbstfrüchte an Ihrem Feigenbaum Zeichen der Reife zeigen. Schlimmer noch: Der Wetterbericht verspricht für die nächsten Tage alles andere als einen Altweibersommer. Aus Unruhe wird Ratlosigkeit. Sogar etwas Frustration kommt auf. Das ist der Moment, in dem Sie zu jedem Strohhalm greifen. Das dürfen Sie durchaus wörtlich nehmen. Es gibt nämlich eine noch heute praktizierte, aber schon in der Antike bekannte Praxis – der Grieche *Theophrast* und der Römer *Plinius der Ältere* haben von ihr berichtet –, welche das Reifen von Feigen beschleunigen soll. Allerdings dürfen den Früchten nicht mehr als etwa zwei Wochen zu ihrer natürlichen Reife fehlen. Bei Früchten dieses Stadiums benetzt man das Ostiolum, also die dem Stiel gegenüberliegende kleine Öffnung, mittels eines Strohhalmes oder eines Federkieles mit einem Tropfen Olivenöl – anderes Öl soll es notfalls auch tun. Manche machen es sich etwas leichter, indem sie das Olivenöl mit einem Wattebausch um das Ostiolum verreiben. Noch geheimnisvoller wird die Prozedur dadurch, dass man sie nur bei Dunkelheit, am frühen Morgen, besser noch am Abend praktizieren soll.

Die Berichte über die Wirkung des „Ölens" fallen unterschiedlich aus. Teils wird begeistert verkündet, dass die mit Öl behandelten Früchte innerhalb von ein oder zwei Tagen an Größe zunähmen und innerhalb von acht Tagen die volle Reife erreichten, während unbehandelte Früchte grün und hart blieben. Erklärt wird das damit, dass das Öl die Synthese des Botenstoffes Ethylen stimuliere. Wenn die Früchte eine gewisse Mindestreife erreicht haben, reagieren sie auf den Botenstoff damit, die Fruchtreife zu vollenden. Dieser positiven Einschätzung steht der Eindruck gegenüber, die erzwungene vorzeitige Reife gehe mit einer blasseren Farbe, vor allem aber mit einem niedrigeren Zuckergehalt einher. Die um einige wenige Tage vorverlegte Reife sei wegen der schlechteren Fruchtqualität den Aufwand nicht wert.

Aber probieren Sie es doch einfach aus! Machen Sie sich selbst ein Bild!

Tarent

Einer Legende zufolge wurde die italienische Stadt Tarent an einem Ort gegründet, an dem die salzigen Wellen des Meeres alle Bäume außer den Feigenbaum daran hinderten, Früchte zu tragen.

SORTEN

Sorten und Auswahl

Die Vielfalt der Feigen kennt in Aussehen und Geschmack kaum Grenzen.

Feige ist nicht gleich Feige. Feigenpflanzen unterscheiden sich – ähnlich wie Apfelbäume – stark. Wir können das leicht an den Früchten erkennen: Es gibt grüngelbe und schwarzviolette Früchte und solche in fast jedem Zwischenton. Auch die Farbe des Fruchtfleisches reicht von erdbeer- bis bernsteinfarben.

Die Früchte unterscheiden sich darüber hinaus in Größe und Form. Es gibt Feigen mit Früchten von Walnuss- bis Birnengröße. Die Form kann kugel-, aber auch birnenförmig sein. Große Unterschiede gibt es auch bei den Blättern, die vor allem ungleich stark gefingert sind. All das sind aber ästhetische Punkte, also Äußerlichkeiten, die einen mehr oder weniger ansprechen mögen, für den Anbau- und kulinarischen Wert aber eher zweitrangig sind. Wirklich wichtig sind andere Punkte, allen voran der Geschmack der Feigen. Die Früchte der allermeisten Feigen sind zwar sehr süß. Begleitende Geschmacksaromen sind aber unterschiedlich ausgeprägt. Es gibt bei Feigen Aromen von Beere über Melone bis Honig und alles dazwischen. Und es gibt eher mittelmäßige und auf der anderen Seite geschmacklich herausragende Früchte. Das ist nicht nur wetterbedingt, sondern hat im Wesentlichen genetische Ursachen. Übrigens ist der Geschmack nicht von der Farbe abhängig: Violettfrüchtige Feigen schmecken grundsätzlich nicht besser oder schlechter als grünfrüchtige.

Für den Gourmet sind auch die Dicke der Haut, die Saftigkeit der Frucht und die Beschaffenheit der Samen von Bedeutung.

Ähnlich wichtig wie der Geschmack ist das Wuchsverhalten einer Feigenpflanze. Was nutzt die beste starkwüchsige Feige, wenn der Platz für sie fehlt oder sie für die angestrebte Kübelkultur ungeeignet ist. Besser ist es dann, auf eine schwachwüchsige Varietät zurückgreifen.

Feigen unterscheiden sich auch in Bezug auf die Winterhärte, also die Fähigkeit, auch die strengeren unserer hiesigen Winter zu überstehen. In Verbindung damit steht die Fähigkeit, unter mitteleuropäischen Bedingungen verlässlich Sommer- und/oder Herbstfeigen zu produzieren. Das ist das wichtigste Kriterium überhaupt. Was nutzt die Feige mit den leckersten Früchten, wenn diese bei uns gar nicht reifen? Im Übrigen ist der Geschmack aller Sorten zumindest akzeptabel. Geschmackliche Totalausfälle gibt es nicht.

Soweit zu den Kriterien der Feigenwahl. Wie kommt man nun an eine Feige, die den eigenen Kriterien entspricht? Wie kann man sicher sein, dass eine Feige, die einem angeboten wird, diese Kriterien zuverlässig erfüllt? Der Schlüssel dafür ist, dass man bei Feigen genauso wie bei Apfelbäumen oder Erdbeeren Sorten unterscheiden kann, die üblicherweise mit einem eigenen Namen versehen sind und sich anhand eines oder mehrerer wesentlicher Merkmale von anderen Feigen unterscheiden. Entscheidend ist dabei, dass diese Merkmale konstant sind, also – solange kein fremdes Erbgut eingekreuzt wird – an Tochterpflanzen weitergegeben werden. Aus diesem Grunde sind Feigen einer bestimmten Sorte untereinander im Wesentlichen identisch. Wenn man sich für eine bestimmte Sorte entscheidet, kann man deshalb normalerweise davon ausgehen, dass die Feige der gewählten Sorte der Sortenbeschreibung und den damit verbundenen Erwartungen gerecht wird. Die Sortenbezeichnung ist damit eine Art Gütesiegel, das einem sagt, ob die betreffende Sorte die eigenen Kriterien bestmöglich erfüllt, vor allem den Bedingungen am jeweiligen Standort gewachsen ist.

In der Praxis ist es nicht immer ganz so einfach. Feigen sind über Stecklinge leicht zu vermehren. Sie werden so – auch über Landesgrenzen hinweg – weitergereicht, oft ohne Namensetikett. Das führt manchmal dazu, dass der Erwerber einen eigenen Namen vergibt, etwa unter Bezugnahme auf den Ort, wo die Mutterpflanze gewachsen ist. Nicht selten werden auch – da die allermeisten Sorten nicht geschützt sind – aus Marketinggründen neue wohlklingende Namen vergeben. So wird die Züchtung neuer Sorten vorgegaukelt und nebenbei der Preisvergleich erschwert. Im Ergebnis wird ein und dieselbe Feigensorte oft unter verschiedenen Namen gehandelt. Besonders oft kommt das bei der in Mitteleuropa am weitesten verbreiteten Sorte Brown Turkey vor. Einerseits werden als Brown Turkey zwei sehr verschiedene Sorten bezeichnet: eine, die mit vollständigem Namen als English Brown Turkey gehandelt wird, und eine weitere, die eigentlich San Piero heißt, in den USA aber dennoch oft als Brown Turkey bezeichnet wird. Umgekehrt gibt es eine ganze Reihe von Handelsnamen, etwa Bayernfeige Violetta oder Bornholmfeige, hinter denen sich die gute alte (English) Brown Turkey verbirgt.

Feigen werden zwar in fast allen Fällen vegetativ vermehrt, was heißt, dass der Steckling ein Klon der Mutterpflanze und mit ihr zu 100 Prozent identisch sein sollte. Die Formulierung „sein sollte" deutet es schon an: Mit den 100 Prozent ist das so eine Sache. Im Zuge des Wachstums der Mutterpflanze und bei der Bildung neuer Triebe kann es zu spontanen Mutationen kommen, durch die sich das Erbgut des neu gebildeten Triebs – meist geringfügig – von dem der Mutterpflanze unterscheidet. Bei einzelnen oder weniger gewichtigen Mutationen kann man von Varianten einer Sorte sprechen. Fällt die Mutation gravierender aus oder häufen sich Mutationen im Zuge einer Vielzahl von Vermehrungsvorgängen an, wird irgendwann der Punkt erreicht, von dem ab man von einer neuen Sorte sprechen kann. Führt man sich vor Augen, dass die Kultur der Feige bereits vor Jahrtausenden eingesetzt hat, überrascht die hohe Zahl heutiger Feigensorten kaum. In der langen Zeit hat es eben zahlreiche Gelegenheiten zum Mutieren gegeben.

Wie schwierig die Entscheidung, ob eine neue Sorte vorliegt, sein kann, zeigt folgendes Beispiel: Vor einigen Jahren wurde in einem israelischen Obstgarten eine Mutation der altbekannten Sorte Dottato (in den USA als Kadota bezeichnet) entdeckt, die der grünfrüchtigen Ausgangsform zwar ähnlich ist, aber während der Fruchtreife eine rote Haut entwickelt. Wegen dieses Unterschieds wurde sie als Red Kadota beschrieben. Die Namenswahl zeigt, dass die Entdecker selbst noch nicht sicher waren, ob die Farbmutation allein schon eine neue Sorte begründet.

Die offenen Fragen, die es bei Feigensorten bis hin zu einer gewissen Sortenverwirrung gibt, sollten uns allerdings nicht allzu sehr beunruhigen. Von den Hunderten Sorten, die es weltweit gibt – in der umfangreichsten Monographie hat der amerikanische Agrarwissenschaftler Ira Condit 1955 607 gut unterscheidbare Sorten beschrieben –, sind nur verhältnismäßig wenige für unser Klima geeignet. Diese Sorten sind – vielleicht nicht in Deutschland, wohl aber in vielen anderen Ländern – Klassiker, die länderübergreifend unter gängigen Namen gehandelt werden. Wenn wir uns auf sie konzentrieren und sie von einem vertrauenswürdigen Händler beziehen, ist die Wahrscheinlichkeit, dass wir eine Feige mit den gewünschten Eigenschaften erhalten, sehr groß. Natürlich schließt das nicht aus, dass wir einen Baum unbekannter Sorte entdecken, der unter mit unseren Verhältnissen vergleichbaren Klimabedingungen (wichtig!) viele gute Früchte trägt, und uns von ihm einen Steckling geben lassen. Einfacher ist allerdings der Kauf einer bestimmten Sorte bei einer vertrauenswürdigen Quelle. Das ist nicht unbedingt das nächste Gartencenter. Zum einen wird es selten gut sortiert sein. Zum anderen können hier Pflanzen unter falschem Namen angeboten werden, wenn ein Unterlieferant anstelle der sonst verkauften Sorte eine andere gerade günstig zur Verfügung stellt. Besser als Gartencenter sind deshalb Spezialgärtnereien, die sich (auch) auf Feigen spezialisiert haben. Bei solchen Gärtnereien, wie zum Beispiel Seiler, Hortensis oder – in Frankreich – Baud, kann man Feigenpflanzen auch über das Internet beziehen. Da Feigen leicht zu vermehren sind, sind die Preise auch bei solchen Spezialisten selbst unter Hinzurechnung der Versandkosten erschwinglich. Das gilt jedenfalls dann, wenn Sie noch junge und kleine Feigenpflanzen erwerben und die weitere Kultur frühzeitig selbst übernehmen. Der Erwerb einer stattlichen mehrjährigen Kübelpflanze kann dagegen schon ins Geld gehen.

Der Prophet Mohammed

Dem Propheten Mohammed wird der Ausspruch zugeschrieben: „Wenn ich mir eine Frucht zum Mitnehmen ins Paradies wünschen sollte, wäre es mit Sicherheit die Feige."

WELCHE SORTEN SIND NUN FÜR MITTELEUROPA EMPFEHLENSWERT?

Zunächst einmal muss die Sorte, da Feigenwespen, welche für die Bestäubung sorgen könnten, bei uns nicht vorkommen, selbstfruchtbar sein. Das trifft auf die meisten heute kultivierten Sorten zu. Etwas Vorsicht ist bei Mitbringseln aus mediterranen Urlaubsländern geboten. Aber auch dort sind die selbstfruchtbaren Sorten in der Mehrheit.

Ein weiteres Kriterium, das am Anfang aller Überlegungen steht, ist die Fähigkeit, auch die strengeren unserer hiesigen Winter zu überstehen und unter den in unserem Garten üblichen Bedingungen verlässlich Sommer- und/oder Herbstfeigen zu produzieren.

Die Echte Feige ist eine aus den Subtropen stammende Pflanze mit einem für die gemäßigte Zone hohen Wärmebedürfnis und einer nur mäßigen Winterhärte. Die Kultur im Freiland ist in der gemäßigten Zone, also auch in Deutschland, nicht überall möglich. Bei regelmäßigen jährlichen Tiefstwerten unter -16 °C sollte man auf eine Kübelkultur und die Überwinterung in geschlossenen Räumen ausweichen. Für diese Bedingungen gibt es keine im Freiland ausreichend winterharten Sorten. Zwar schlagen oberirdisch geschädigte Pflanzen in der Regel wieder aus. Sommerfrüchte sind aber ganz verloren. Auch wird ein regenerierter Strauch weniger und später Herbstfeigen bilden.

Für einen Anbau im Freiland kommen nur die Regionen in Betracht, in denen im Jahresschnitt die höchsten Temperaturen erreicht werden, in erster Linie **Gebiete mit Weinbauklima**. Von den Weinklimata abgesehen, die sich durch für Mitteleuropa hohe Sommertemperaturen und nicht übermäßig kalte Winter auszeichnen, ist der Freilandanbau von Feigen nur in **Ballungsgebieten** und in **ozeanisch geprägten Klimaten** – milde Winter, eher kurze, mäßig warme Sommer – möglich. Die jährlichen Temperaturminima liegen in letzteren Gegenden oft sogar über denen der Weinbauregionen.

Die beiden Bilder zeigen dieselben Fruchtansätze im Abstand von 14 Tagen. Der obere Fruchtembryo ist ersichtlich im Wachstum zurückgeblieben und gelblich verfärbt. Die Pflanze hat also – wie bei den Blättern im Herbst – bereits begonnen, das zuvor zur Verfügung gestellte Chlorophyll zurückzuholen. Der verkümmerte Embryo auf dem rechten Bild wird innerhalb weniger weiterer Tage abfallen.

Gelblich verfärbter Fruchtembryo

Vertrockneter Fruchtembryo

Auch in den für den Freilandanbau von Feigen geeigneten Gebieten sind nicht alle Sorten gleichermaßen geeignet, die Tiefsttemperaturen im Winter zu überstehen. Für die Sortenwahl treten die Tiefsttemperaturen, die im Winter erreicht werden (in den Gebieten, die einen Feigenanbau überhaupt zulassen!) dennoch gegenüber anderen Klimafaktoren zurück. Selbst im Weinbauklima, erst recht aber in den ozeanisch geprägten Gebieten, sind in erster Linie die im Vergleich zum Hauptanbaugebiet der Echten Feige, dem subtropischen Mittelmeerraum, kürzere Vegetationsperiode und die fehlende Sommerwärme limitierend. Daneben spielen Temperaturschwankungen (späte Kälteeinfälle im Frühjahr), Regen und Wind eine Rolle. Manche Pflanzen reagieren auf solch ungünstige Bedingungen sortentypisch mit dem Abwurf ihrer Früchte.

Die genannten Faktoren machen die Auswahl von Sorten nötig, die einen akzeptablen Ertrag auch bei verhältnismäßig kurzer Vegetationsperiode, geringerer Sommerwärme, Temperaturschwankungen, Regen und Wind sicherstellen. Die gute Nachricht: Diese Sorten gibt es. Und in ozeanisch geprägten Klimata sind sie alle ausreichend winterhart, wenn das Kleinklima stimmt und die Pflanzen in den ersten Wintern etwas geschützt werden.

Zwei Feigentypen kommen mit einer kurzen Vegetationsperiode, geringerer Sommerwärme, Temperaturschwankungen, Regen und Wind zurecht und produzieren unter diesen Bedingungen verlässlich eine größere Menge an Blüten- und/oder Herbstfeigen:

- *Zunächst sind das Feigen mit reichem, zumindest aber ordentlichem Ertrag an* ***Sommerfrüchten****. Die Sommerfrüchte dürfen im Winter nicht erfrieren und später bei widrigen Wetterverhältnissen wie Spätfrösten nicht abgeworfen werden.*

- *Dazu gehören Sorten des San-Pedro-Typs mit reichem Ertrag nur an Sommerfrüchten. Die einzige für uns relevante, zugleich sehr empfehlenswerte Sorte ist* ***Desert King.***
- *Daneben gibt es einige zwei Mal tragende Sorten, bei denen so viele Sommerfrüchte reif werden, dass ein Verzicht auf die nicht ausreifenden Herbstfeigen zu verkraften ist. Zu den Sorten, welche die nötige Robustheit aufweisen, um mit Temperaturschwankungen, Regen und Wind fertig zu werden, gehören* ***Brown Turkey*** *und* ***Osborn Prolific.***

▶ ***Zum zweiten bei uns kultivierbaren Feigentyp gehören Sorten, bei denen Herbstfeigen auch bei kurzer Vegetationsperiode und mäßiger bis geringer Wärmesumme im Sommer zur Reife gelangen, also sehr früh reifen. Wie bei vielen anderen Früchten dauert die Reifung bei den verschiedenen Feigensorten unterschiedlich lange. Bei früh reifenden Sorten besteht auch in unserem für Feigen suboptimalen Klima eine hohe Wahrscheinlichkeit, dass zumindest ein Teil der Herbstfeigen noch zur Vollreife gelangt. Aus eigener Erfahrung kann ich berichten, dass das auch außerhalb des Weinbauklimas, in meinem Fall am Niederrhein, funktioniert, und zwar selbst in Jahren mit unterdurchschnittlichen Sommer- und Frühherbsttemperaturen. Zu diesem zweiten Feigentyp gehören***

- *Sorten, die in der Regel keine nennenswerten Sommerfrüchte produzieren. Dazu gehören* ***Pastilière, Ronde de Bordeaux*** *und* ***Hardy Chicago.***
- *Sorten mit sehr frühen Herbstfeigen, die daneben auch noch mit einigen Sommerfrüchten aufwarten:* ***Brunswick****.*
- *die etwas später reifen Herbstfeigen der ebenfalls zwei Mal tragenden Sorten* ***Negronne*** *und* ***Longue d'Août.*** *Die geringere Wahrscheinlichkeit eines nennenswerten Ertrags an Herbstfeigen wird durch den ausgezeichneten Geschmack der Früchte (****Negronne****) oder die Fruchtgröße (****Longue d'Août****) wettgemacht.*

Bei anderen Sorten ist in Bezug auf Herbstfrüchte Vorsicht geboten. Vor allem ist es für jemanden, der nördlich der Alpen lebt, sinnlos, Feigenbäume auszuwählen, die in einer mediterranen Klimazone spät reifen.

Grundsätzlich kommen beide Feigentypen – der eine mit vielen Sommerfrüchten und der andere mit frühen Herbstfeigen – für den Anbau in Mitteleuropa in Betracht. In ozeanisch geprägten Gebieten mit wenig warmen Sommern – wie in Norddeutschland – ist es empfehlenswert, den Fokus auf die Erzielung von Sommerfrüchten zu richten. In den wärmeren Weinbaugebieten liegt es nahe, frühen Herbstfeigen besondere Beachtung zu schenken. Erst recht gilt das für im Sommer recht warme Gebiete, in denen die Wintertemperaturen regelmäßig tief sinken oder es im Frühling oft zu gravierenden Spätfrösten kommt. Hier besteht die Gefahr, dass die Triebspitzen der Feigen zurückfrieren. Dann verliert die Feige auch ihre Ansätze zur Bildung von Sommerfrüchten und wir müssen auf diese erste Ernte verzichten.

Man muss sich nicht unbedingt zwischen den beiden Typen entscheiden, sondern kann diese auch miteinander kombinieren. Durch den Anbau mehrerer nacheinander reifender Sorten besteht sogar – nicht zu ungünstige Wetterbedingungen im jeweiligen Jahr vorausgesetzt – die Möglichkeit, ab Ende Juli bis Oktober fast ohne Unterbrechung Feigen zu ernten:

Ab Ende Juni:	Sommerfrüchte ***Brunswick***
Ab zweite Julihälfte:	Sommerfrüchte ***Longue d'Août*** und ***Negronne***
Ab Ende Juli:	Sommerfrüchte ***Desert King***
August:	Sommerfrüchte ***Brown Turkey*** und ***Osborn Prolific***

Ab 1. bis 2. Septemberwoche (Norddeutschland):	Herbstfeigen ***Pastilière***
Ab 2. bis 3. Septemberwoche (Norddeutschland):	Herbstfeigen ***Ronde de Bordeau***x und ***Hardy Chicago***
September/Oktober:	Herbstfeigen ***Brunswick***
Ab Ende September:	Herbstfeigen ***Negronne***
Oktober (bis zum Frost):	Herbstfeigen ***Longue d'Aoû***t

Nachdem wir den Kreis der für Mitteleuropa anbauwürdigen Sorten bestimmt haben, können wir uns den verbleibenden Kriterien zuwenden. Das sind vor allem der Geschmack der Sorte und ihr Platzbedarf.

Geschmacklich ragen die Sorten ***Ronde de Bordeaux*** und ***Negronne*** heraus, beide mit zumindest bei den Herbstfeigen sehr kleinen Früchten (bei Ronde de Bordeaux sind die vereinzelten Sommerfrüchte kaum relevant). Es scheint, dass ein kleines Fruchtvolumen oft mit einer besonders hohen Konzentration an Aromen einhergeht. Unter den auf Sommerfrüchte zielenden Sorten ist ***Desert King*** den Sorten ***Brown Turkey*** und ***Osborne Prolific*** vorzuziehen.

Sollten Sie nur wenig Platz haben, scheidet die starkwüchsige ***Ronde de Bordeaux*** aus. Ihren ausladenden Wuchs und ihre Endgröße darf man nicht unterschätzen. Bei einem Durchmesser von fünf bis sieben Metern hat sie einen Platzbedarf von 20 bis 40 Quadratmetern. Zwar kann man zurückschneiden, allerdings kann sich Ronde de Bordeaux an einem kleinen Platz nie optimal entwickeln. Zu häufiger, starker Rückschnitt würde sich auf den Ertrag auswirken.

Als Ersatz für *Ronde de Bordeaux* bietet sich in kleinen Gärten die schwachwüchsige Sorte ***Pastilière*** an, die nur etwa drei bis vier Meter Durchmesser erreicht, etwa zur selben Zeit wie Ronde de Bordeaux reift, nur im Geschmack etwas hinter ihr zurückbleibt, vor allem weniger süß ist.

Sortenübersicht

Eine Übersicht der wichtigsten für Mitteleuropa in Betracht kommenden Sorten finden Sie in den Innenklappen.

Friedrich Barbarossa

Nach längerer Belagerung hatte der römisch-deutsche Kaiser Friedrich I. Barbarossa die abtrünnige Stadt Mailand bezwungen. Seine Gemahlin Beatrix von Burgund, die ihn auf dem Feldzug begleitet hatte, wollte sich nach dem Ende der Kämpfe in der Stadt umsehen. Die Bewohner Mailands, die zwar besiegt waren, ihre Einstellung aber nicht geändert hatten, deuteten das überraschende Erscheinen der Kaiserin so, sie sei gekommen, sich schadenfroh an ihrem Elend zu weiden. Man ergriff sie daher auf grobe Weise und setzte sie rücklings auf einen Esel, dessen Schweif man ihr als Zügel gab. In dieser kläglichen Position führte man sie zur Belustigung der Anwohner und unter argen Beschimpfungen durch die Straßen.

Barbarossa rächte diese Beleidigung. Nach der neuerlichen Unterwerfung Mailands begnadigte er nur jene Leute, die mit ihren Zähnen eine Feige aus dem After einer Eselin holen und wieder zurückstecken konnten.

Auf diese Anekdote wird die in Südeuropa verbreitete Gebärde „jemandem die Feige zeigen" zurückgeführt, bei der man den Daumen zwischen Zeige- und Mittelfinger schiebt. Die Geste dient nicht nur der Zurückweisung einer Zumutung, sondern auch der Abwehr aller möglichen Übel, wie des Verhexens und des bösen Blicks.

KULINARISCHES

Verzehr von Feigen

Nicht nur im mediterranen Raum wird die Feige wegen ihrer wohlschmeckenden Früchte geschätzt. Sie spielte im Laufe der Geschichte eine wichtige Rolle in der menschlichen Ernährung. Der Gelehrte Plinius der Ältere berichtet im 1. Jahrhundert n. Chr., dass getrocknete Feigen im antiken Rom als Brotersatz dienten; nach dem zur selben Zeit lebenden Landwirtschaftsautor Columella stellten Dörräpfel und -birnen, vor allem aber Dörrfeigen die wichtigsten Wintervorräte der Landbevölkerung dar. Im gesamten Mittelmeerraum waren Feigen bei allen Bevölkerungsschichten beliebt. Auf Mallorca hieß es früher sogar, dass die Feige das Brot der Armen und das Dessert der Reichen sei.

Feigenfrüchte werden möglichst **frisch verzehrt**. Frisch geerntet – gern direkt vom Baum – schmecken sie am besten. Nicht umsonst heißt es im Buch Jesaja (28, 4):

„... geht es ... wie einer frühreifen Feige vor der Ernte: Wer sie erblickt, der verschlingt sie, kaum dass er sie in seiner Hand hält."

Einige Gourmets legen Wert darauf, vor dem Verzehr die Fruchthaut abzuziehen und nur das freigelegte Fruchtfleisch zu essen. Da es sehr mühsam wäre, die Frucht zu schälen, wird die folgende Methode, die auch noch den Vorteil hat, dass die Finger sauber bleiben, bevorzugt: Man hält die Feige am Stielende fest, viertelt den Körper der Feige vom Auge nach unten, spreizt die Sektionen zurück und trennt mit den Lippen das Fruchtfleisch von der Haut. Dies wird in Versen des englischen Schriftstellers D. H. Lawrence – bekannt durch seinen Roman Lady Chatterly´s Lover – so beschrieben:

„Der richtige Weg, um eine Feige zu essen, in der Gesellschaft, ist, sie zu vierteln, indem man sie am Stiel hält, und öffne sie, so dass aus ihr eine glitzernde, rosige, feuchte, honigsüße Blume mit vier Blütenblättern wird.

Zu einem vierblättrigen Kelch geöffnete Frucht

Dann wirfst Du die Haut weg, welche ist wie ein vierblättriger Kelch, nachdem Du die Blüte mit den Lippen abgezogen hast. Aber der vulgäre Weg ist nur, den Mund auf den Riss zu legen und das Fleisch mit einem Bissen herauszunehmen."

Mich persönlich stört die Haut beim Verzehr einer frischen Feige überhaupt nicht. Ich esse sie einfach mit. Bei Früchten mit besonders dünner Haut, wie denen der Sorte *Ronde de Bordeaux*, wird dies auch empfindlicheren Gemütern nicht schwerfallen.

Die Kastanie und der Feigenbaum

Wir kennen Leonardo da Vinci (1452 bis 1519) als Maler, Bildhauer und Erfinder. Weniger bekannt ist, dass uns dieses Universalgenie auch literarische Werke hinterlassen hat, darunter diese Fabel:

Ein alter Esskastanienbaum sah, wie ein Mann die Zweige eines Feigenbaums zu sich bog, die reifen Früchte pflückte, eine nach der anderen in den Mund steckte und sie verzehrte.

Da sprach die Kastanie, mit Bedauern in der Stimme: „Ach, Feige, wenn ich mir das so ansehe, um wie viel besser hat es Mutter Natur doch mit mir gemeint! Schau nur, wie sie meine Kinder umsorgt und schützt, zuerst mit einer feinen Haut, darüber dann mit einer festen Schale! Und dann hat sie für die Kleinen auch noch einen Panzer konstruiert und darauf so scharfe und spitze Stacheln platziert, dass sie vor den Händen des Menschen sicher sind!"

Als der Feigenbaum das hörte, fing er mit all seinen Früchten an zu lachen, und nachdem er ausgelacht hatte, entgegnete er: „Kennst Du denn den Menschen nicht? Er ist so einfallsreich, dass er Dich dennoch aller Deiner Früchte beraubt. Bewaffnet mit Stangen, Stöcken und Steinen rückt er Deinen Zweigen zu Leibe, bringt Deine Früchte zum Fallen und wenn sie am Boden liegen, zertrampelt und zerteilt er sie, um sie aus dem Gehäuse zu bekommen, das so gut mit Stacheln bewehrt ist; und Deine Kinderchen kommen übel zugerichtet, zerquetscht und verstümmelt heraus. Ich dagegen werde mit Feingefühl behandelt und nur mit den Händen berührt."

Esskastanien

Gesundheitswert

Feigen sind nicht nur süß und lecker. Auch ihr Gesundheitswert ist seit Langem bekannt. „Feigen sind stärkend", schrieb der römische Philosoph Plinius der Ältere im 1. Jahrhundert, „und das beste Essen, das Menschen zu sich nehmen können, die aufgrund langer Krankheit geschwächt sind." Auch heißt es bei ihm: „Feigen erhöhen die Kraft der jüngeren Leute, helfen Älteren, ihre Gesundheit zu bewahren und lassen sie zudem jünger aussehen."

Ein Beispiel für die Heilkraft von Feigen findet sich auch in der Bibel: Geplagt von Furunkeln war Hiskija, der König von Juda, „todkrank", erholte sich jedoch, nachdem seine Diener eine Paste aus zerdrückten Feigen auf seine Haut aufgetragen hatten.

In der von *Melchior Sebisch* 1630 herausgegebenen 4. Ausgabe der Teutschen Speißkammer, des ursprünglich von Hieronymus Bock verfassten ersten neuzeitlichen Ernährungsratgebers, heißt es über Feigenfrüchte: *„Werden allenthalben zur Speiß und Arzney erwählet."* Einige der in diesem Werk zahlreich aufgelisteten medizinischen Indikationen sind dann aber eher befremdlich. So wird gesagt:

„Der safft von Feigen mit Senffsafft temperiert
und in die Ohren gethon
soll dem getöß we(h)ren."

Auch heißt es dort:

„Feigenmilch in einen holen Zan gethon
soll den schmerzen stillen."

Diese historischen Bewertungen sind offensichtlich noch von einigem Aberglauben geprägt. Dennoch kommt auch die moderne Wissenschaft zu dem Urteil, dass Feigen aufgrund ihres hohen Nährwerts gesund sind. Neben 80 Prozent Wasser enthalten die reifen Früchte durchschnittlich etwa 12,9 Prozent Kohlenhydrate, 1,3 Prozent Protein, 0,5 Prozent Fett, 4,5 Prozent Ballaststoffe und 0,7 Prozent Mineralstoffe. Die Kohlenhydrate resultieren aus dem sehr hohen Gehalt an Zucker, nämlich Saccharose und Glucose (15 bis 25 Prozent des Frischgewichts). Zum Vergleich: Äpfel enthalten nur etwa 0,15 Prozent Mineralstoffe. Das ist nur etwa ein Fünftel dessen, was Feigen zu bieten haben.

Durch den hohen Anteil an Ballaststoffen sind Feigen verdauungsfördernd. Die Fruchtsäuren in den Feigen hemmen die Flüssigkeitsaufnahme aus dem Darm, was dessen Inhalt vergrößert, die Darmbewegung anregt und damit leicht abführend gegen Verstopfung wirkt.

Unter den Mineralstoffen fallen Phosphor, Eisen und Magnesium ins Gewicht. Vor allem aber ist der Kalziumgehalt ungewöhnlich hoch. Kalzium ist wichtig für den Knochenbau, denn schon ab dem 30. Lebensjahr haben wir eine negative Kalziumbilanz. Phosphor ist ebenfalls wichtig für unsere Knochen.

Überdies haben Feigen einen hohen Gehalt an Vitaminen, vor allem an Vitamin B1, das wir für einen gesunden Herzmuskel und das Gehirn brauchen.

Feigen sind auch eine ausgezeichnete Quelle für Polyphenole, die als Antioxidantien entzündungshemmend und krebsvorbeugend wirken. Feigen sind schließlich natriumarm und haben kein Fett. Wie andere pflanzliche Lebensmittel sind sie cholesterinfrei.

Spanisches Sprichwort

Ein spanisches Sprichwort lautet:

„Schäle eine Feige für Deinen Freund und einen Pfirsich für Deinen Feind." Der zweite Teil des Sprichworts bezieht sich möglicherweise auf den alten Glauben, dass der Pfirsich eine giftige Frucht sei. Da der Pfirsichsamen Amygdalin enthält, das bei der Verdauung zu giftiger Blausäure wird, ist das nicht einmal falsch. Nur: Man muss den Pfirsichkern und den darin enthaltenen Samen ja nicht mitessen.

Aufbewahren der Früchte

Feigenfrüchte kann man nach der Ernte ohne besondere Vorkehrungen nicht sehr lange aufbewahren. Werden sie nicht schnell verbraucht oder verarbeitet, gehen sie rasch in Gärung über, werden übermäßig weich und verderben. In der Wohnung offen aufbewahrt, sind sie nur ein bis zwei Tage haltbar.

AUFBEWAHREN FRISCHER FEIGEN

Trägt Ihr Feigenbaum viele Früchte, können Sie diese wahrscheinlich nicht alle in ein oder zwei Tagen essen oder verarbeiten. Feigen können aber, ohne dass sie Schaden nehmen, gekühlt werden. Dadurch lässt sich ihre Haltbarkeit verlängern. In einem herkömmlichen Kühlschrank können sie – einzeln auf Küchenpapier gelegt – bei den üblichen Betriebstemperaturen zwischen 2 und 8 °C immerhin etwa drei Tage aufbewahrt werden. Deutlich länger halten sie sich in einem Kühlschrank, der mit einem Null-Grad-Fach („Biofresh") ausgestattet ist. Bei einigen Geräten lässt sich nicht nur die gewünschte Temperatur präzise einstellen, sondern auch eine hohe (95 Prozent) oder niedrige (50 Prozent) Luftfeuchtigkeit. Für die Aufbewahrung von Feigenfrüchten sind eine konstante Temperatur von knapp über 0 °C und eine hohe Luftfeuchtigkeit von 95 Prozent, die dafür sorgt, dass die Früchte nicht austrocknen und frisch bleiben, ideal. Unter diesen Bedingungen lassen sich Feigenfrüchte ohne größeren Qualitätsverlust – auch die Vitamine bleiben erhalten – etwa 14 Tage aufbewahren. Serviert werden dürfen sie aber nur mit Zimmertemperatur.

TROCKNEN VON FEIGEN

Eine seit prähistorischer Zeit bekannte Methode, Feigen zu konservieren, ist das Trocknen. Noch heute werden etwa 40 Prozent der gesamten Feigenernte als Trockenfrüchte verkauft, die hauptsächlich in der Türkei erzeugt werden.

In den ursprünglichen Anbaugebieten am Mittelmeer und im Nahen Osten erfolgt das Trocknen traditionell einfach dadurch, dass die Früchte in die Sonne gelegt werden. In unserem Klima verspricht ein solches Vorgehen wenig Erfolg. Es ist schon fraglich, ob es überhaupt gelingen kann, den Früchten in unseren weniger heißen Sommern ausreichend Feuchtigkeit zu entziehen. Jedenfalls würde das sehr viel länger dauern als am Mittelmeer, wo etwa drei bis fünf Tage ausreichen. Damit erhöht sich das Risiko, dass die zunächst noch feuchten Früchte aufgrund der Exposition gegenüber offener Umgebung von Schimmelpilzen besiedelt werden und so giftige und krebserzeugende Mykotoxine in den Früchten entstehen. Die in unseren Sommern höheren Niederschläge vergrößern dieses Risiko noch einmal. Bei uns sollte man deshalb davon absehen, Feigen in der Sonne trocknen zu wollen.

Wie sieht es nun mit einem Trocknen im Dörrofen aus? In einem solchen Gerät ist es ohne Weiteres möglich, die Feuchtigkeit auf etwa 12 Prozent zu reduzieren, um die Früchte anschließend ohne Zusätze lagern zu können. Aber: So stark getrocknete Früchte sind zwar gut haltbar, aber kaum noch zu essen. Trocknet man hingegen weniger stark – auf etwa 23 bis 25 Prozent Feuchtigkeit – ist zwar die Verzehrqualität gut, die Haltbarkeit aber nur mit Zusätzen wie Kaliumsorbat zu erreichen. Die Frage ist: Will man solche Mittel, wie sie auch bei industriell hergestellten Feigen zum Einsatz kommen, einsetzen oder gibt es einen einfacheren Weg, bei dem man später nicht mehr zu sich nimmt als nur die Feige selbst?

Aus meiner Sicht bietet sich als einfachere und bessere Konservierungsmethode das Einfrieren der Feigen an.

EINFRIEREN VON FEIGEN

Durch Einfrieren können Sie die Haltbarkeit problemlos verlängern. Das Einfrieren verändert den Geschmack kaum.

- *Zum Einfrieren bestimmte Feigen sollten in einem Reifestadium gepflückt werden, in dem die Früchte weich sind, aber noch nicht zu schrumpfen beginnen.*
- *Wichtig ist, nur einwandfreie Feigen zu verwenden.*
- *Die Früchte sollten innerhalb eines Tages nach der Ernte eingefroren werden.*
- *Zuerst waschen Sie die Feigen gründlich.*
- *Um ein Zusammenkleben zu verhindern, breitet man die Feigen lose auf einem Backblech aus und stellt dieses in die Gefriertruhe.*

- *Nach dem Frieren können Sie die Früchte in einen Gefrierbeutel oder einen anderen geeigneten Behälter geben und nun für längere Zeit einfrieren. Sie halten sich zumindest mehrere Monate.*

Für das Einfrieren ausgewählte Früchte

Gefrorene Früchte auf dem Backblech

Früchte im Gefrierbeutel

Eingefrorene Feigen nach dem Auftauen verwerten!

Vollreife Feigen sind schon sehr weich. Aufgetaute Früchte sind noch weicher, gar ein wenig matschig. Aufgrund ihrer Konsistenz sind sie eigentlich nicht mehr zum Naschen geeignet. Allerdings können Sie die Früchte auf vielfältige Weise weiterverarbeiten.

Früchte nach dem Auftauen

- *Wenn Sie die Feigen nicht ganz auftauen, eignen sich die noch leicht gefrorenen Früchte bestens als Zutat für einen erfrischenden Smoothie oder ein leckeres Dessert.*
- *Einmal aufgetaut geben sie, mit Sahne, Crème fraîche oder Portwein-Zabaglione verfeinert, sogar an kalten Wintertagen ein feines Dessert ab.*
- *Außerdem sind sie perfekt für die Zubereitung von Marmelade.*

Die Sorten unterscheiden sich hinsichtlich ihres Wertes für die Gefrierlagerung. Ronde de Bordeaux ist arg klein und Dottato hat eine attraktive Farbe, aber kein starkes Aroma. White Marseilles schließlich hat eine dicke Haut und prägnantes Fruchtfleisch. Besser als diese Sorten eignet sich Brown Turkey für das Einfrieren. In Texas werden auch Feigen der Sorte Brunswick eingefroren, obwohl diese Sorte dazu neigt, aufzuplatzen und sauer zu werden.

Die Geschichte vom kleinen Muck

Die Erzählung ist ein Kunstmärchen von Wilhelm Hauff, das in dem „Märchen-Almanach auf das Jahr 1826" veröffentlicht wurde. Sie spielt in der orientalischen Welt der Märchen aus Tausendundeiner Nacht:

Der kleine Muck wird zu Unrecht von einem König um seinen Besitz, darunter ein Paar Pantoffel, in denen er schneller als jeder andere Mensch laufen und zu jedem beliebigen Ort fliegen konnte, gebracht. Außer Landes gejagt, ernährt sich der kleine Muck von dem, was er findet. Hungrig isst er ein paar Feigen, woraufhin ihm Eselsohren und eine lange Nase wachsen. Zum Glück verschwinden diese Auswüchse wieder, nachdem er die Früchte eines benachbarten zweiten Feigenbaums gegessen hat. Mit diesen Früchten kann er Vergeltung üben. Als Händler verkleidet, schmuggelt er die erste Sorte der Feigen auf die Tafel des Königs, um wenig später als Gelehrter die zweite Sorte als Heilmittel für die Missbildungen des Königs und seines Hofstaates anzubieten. Nachdem der kleine Muck die Wirksamkeit seiner Kur zunächst am eigenen Leibe bewiesen hat, führt der König den kleinen Muck in die Schatzkammer, damit dieser sich eine Belohnung für die bevorstehende Heilung des Königs aussuche. Muck ergreift sofort seine Zaubergegenstände, gibt sich zu erkennen und fliegt mithilfe der Pantoffel in seine Heimat zurück – den treulosen König zur Strafe mit missgebildetem Gesicht zurücklassend.

Feigenrezepte

Den Großteil unserer Feigen mögen wir frisch verzehren. Ein ausgewachsener Baum kann aber leicht Hunderte von Feigen hervorbringen. Deshalb sollte man sich nach weiteren Verwendungsmöglichkeiten umschauen. Und davon gibt es eine ganze Reihe:

Feigen können in der Küche für die verschiedensten Gerichte verwendet werden. Besonders geeignet sind sie für Vorspeisen und Salate. Weil Feigen sehr süß sind, harmonieren sie hervorragend mit würzig-pikanten Zutaten wie Käse mit kräftigem Geschmack. Ideal ist als Kombination ein Blauschimmel- (zum Beispiel Gorgonzola oder Roquefort), Ziegen- oder Schafskäse. Aber auch Mozzarella und Parmesan passen hervorragend. Luftgetrockneter Schinken (etwa Jamón Ibérico, Serrano oder San Daniele) und Rucola eignen sich ebenfalls bestens als Partner für Feigen.

Aus Feigenfrüchten lassen sich auch leckere Desserts und Kuchen zubereiten. Und natürlich kann aus Feigen Marmelade gekocht werden.

Aus der Vielzahl von Rezepten mit Feigen habe ich einige einfache, schnell zuzubereitende Gerichte ausgewählt, die teilweise schon zu den Klassikern der schnellen Küche zählen. Ihren Ursprung haben sie in der mediterranen Küche.

VORSPEISEN

Crostini mit Feigen

Zutaten für 12 Crostini

- *6 Feigen*
- *1 Baguette*
- *1 Teelöffel Balsamico-Essig*
- *1/2 Teelöffel schwarzer Pfeffer (frisch gemahlen)*
- *1/4 Teelöffel Salz*
- *1 Esslöffel Olivenöl*
- *Optional: 200 g Ziegenkäse*

Zubereitung

1. Das Baguette in 12 lange, dünne Scheiben schneiden, auf ein Backblech legen und mit etwas Olivenöl beträufeln. Im Backofen bei 200 °C etwa 10 Minuten rösten.
2. Schneiden Sie die Stielenden der Feigen ab und hacken Sie die Früchte.
3. Die gehackten Feigen in eine Schüssel geben und mit Essig, Pfeffer und Salz vermengen. Lassen Sie die Feigen mindestens 15 Minuten bei Raumtemperatur oder bis zu 1 Stunde im Kühlschrank ruhen, damit sich die Aromen vermischen.
4. Vor dem Servieren probieren Sie die Feigenmischung noch einmal und würzen Sie nach Geschmack.
5. Verteilen Sie etwa 1 Esslöffel Ziegenkäse auf jeder Baguettescheibe und geben Sie jeweils eine gleiche Menge der Feigenmischung darauf.
6. Sofort servieren, um zu vermeiden, dass das Brot durchfeuchtet.

Feigen mit Blauschimmelkäse und Walnuss

Zutaten für 24 Häppchen:

- *50 g Blauschimmelkäse*
- *6 Feigen*
- *24 Walnusshälften*
- *Flüssiger Honig*

Zubereitung

1. Schneiden Sie die Feigen in Scheiben.
2. Geben Sie ein wenig Käse auf jede Feigenscheibe und drücken Sie jeweils eine Walnusshälfte in die Oberseite.
3. Mit Honig beträufeln und servieren.

Marinierte Feigen mit Schinken, Mozzarella und Basilikum

Zutaten für 16 Spieße

- ***4 große oder 8 kleine Feigen***
- ***3 Esslöffel Basilikumöl***
- ***2 Teelöffel Rotweinessig***
- ***8 Scheiben Rohschinken***
- ***16 Mini-Mozzarella-Bällchen***
- ***16 mittelgroße Basilikumblätter***
- ***16 Fingerfood-Sticks (Holzspieße)***

Zubereitung

1. Vierteln Sie die großen Feigen. Wenn Sie kleine Feigen verwenden, halbieren Sie sie der Länge nach. Legen Sie die Feigen dann in eine Glas- oder Keramikschüssel. Öl und Essig mischen und über die Feigen geben. Mit Salz und Pfeffer gut würzen und etwa 30 Minuten bei Raumtemperatur marinieren lassen.

2. Anschließend fädeln Sie jedes Feigenteil mit etwas Schinken – längs halbiert –, Mozzarella und einem Basilikumblatt auf einen Holzspieß.

3. Wenn alle Spieße fertig sind, legen Sie sie auf einen Teller und beträufeln Sie sie mit der restlichen Marinade. Damit die Aromen voll zur Geltung kommen, bei Raumtemperatur und nicht direkt aus dem Kühlschrank servieren.

Mit Speck umwickelte gegrillte Feigen

Zutaten für 4 Personen

- *8 Feigen*
- *4 Stück dünn geschnittener durchwachsener Speck. Alternativ können Sie auch geräucherten Schinken oder Salami nehmen.*

Zubereitung

1. Schneiden Sie die Stiele der Feigen ab und legen Sie die Früchte beiseite.
2. Schneiden Sie jedes Stück Speck der Länge nach in zwei Hälften, sodass Sie lange, dünne Speckstreifen erhalten.
3. Wickeln Sie jede Feige mit einem Speckstreifen ein. Auch wenn die Feige mehrmals umwickelt wird, sollte der Speck so wenig wie möglich überlappen. Wenn Sie Schwierigkeiten haben, den Speck in Position zu halten, können Sie ihn mit einem Zahnstocher fixieren. Sobald der Speck gegart ist, bleibt er von selbst an Ort und Stelle, sodass Sie die Zahnstocher vor dem Servieren entfernen können.
4. Sie können die Feigen jetzt auf dem Herd, im Backofen oder auf dem Grill garen:

- Auf dem Herd: Erhitzen Sie eine große Pfanne bei mittleren bis hohen Temperaturen. Legen Sie die mit Speck umwickelten Feigen in die Pfanne und braten Sie sie, sodass jede Seite braun und knusprig wird. Sie profitieren jetzt davon, dass sie sehr dünn geschnittenen Speck verwendet haben. Er wird so schnell gar, dass die Feige zwar warm wird, aber nicht von zu viel Hitze auseinanderfällt.
- Im Backofen: Erhitzen Sie den Backofen auf 200 °C und legen Sie die Feigen auf ein Backblech. Drehen Sie die Feigen nach Bedarf, um den Speck von allen Seiten braun und knusprig werden zu lassen.

- Auf dem Grill: Grill mit Folie abdecken, damit die Feigen nicht durch den Rost fallen. Feigen dann auf dem Grill garen.

5. Legen Sie die fertig gegarten Feigen auf mehrere Lagen Küchenpapier, um überschüssiges Fett zu entfernen, bevor Sie sie heiß als Fingerfood servieren.

Mit Blauschimmelkäse gefüllte Feigen

Zutaten für 4 Personen

- ***16 Feigen***
- ***150 g Blauschimmelkäse***
- ***Rapsöl (weil neutral schmeckend)***
- ***Etwas Salz***
- ***Eine Prise schwarzer Pfeffer (frisch gemahlen)***

Zubereitung

1. Schneiden Sie einen vertikalen Schlitz in die Seite jeder Feige.
2. Ein Stück Käse in die Feige drücken. Größere Feigen können natürlich mehr Käse aufnehmen, kleinere Feigen weniger.
3. Erhitzen Sie eine große Pfanne bei mittlerer bis hoher Hitze, besprühen oder bestreichen Sie die Feigen mit dem Rapsöl und braten Sie sie in der Pfanne. Drehen Sie sie nach Bedarf, bis sie von allen Seiten leicht gebräunt sind. Der Käse schmilzt dabei etwas.
4. Nach Geschmack mit etwas Salz und einer Prise schwarzem Pfeffer würzen.
5. Als Fingerfood servieren.

SALATE

Salat aus marinierten Feigen und Mozzarella

Zutaten (für 4 Personen, wenn der Salat als Hauptspeise serviert wird, als Vorspeise für 6 Personen)

- *8 Feigen*
- *1 Zitrone*
- *2 bis 3 Zweige frischer Thymian*
- *4 Esslöffel Balsamico-Essig*
- *2 Esslöffel Olivenöl*
- *Eine Handvoll frische Minzblätter*
- *300 g Mozzarella*
- *50 g Rucola*
- *Zum Servieren: Brot*

Zubereitung

1. Entfernen Sie die Stiele der Feigen und schneiden Sie dann jede Frucht der Länge nach in vier Keile.
2. Die Zitrone auspressen, den Saft auffangen und die Schale fein reiben.
3. Die Blättchen des Thymians mit den Fingern von den Zweigen abstreifen und mit einem großen schweren Messer hacken.
4. Bereiten Sie eine säuerliche Marinade zu, indem Sie den Essig, 1 Esslöffel Öl und den Saft der Zitrone mit Salz und Pfeffer abschmecken.
5. Legen Sie die Feigenkeile dicht nebeneinander in die Mitte einer großen flachen Servierplatte. Die geriebene Zitronenschale und den gehackten Thymian darüberstreuen und mit der Marinade beträufeln. 30 Minuten bei Raumtemperatur stehen lassen.

6. Die Minze grob hacken. Den Mozzarella abtropfen lassen, in Scheiben schneiden, mit der Hälfte der Minze vermengen und mit Salz und Pfeffer abschmecken.
7. Zum Servieren die Mozzarella-Minz-Mischung um die Feigen legen, mit leicht zerrissenen Rucola-Blättern und der restlichen Minze bestreuen und mit einem Esslöffel Olivenöl beträufeln.
8. Mit Brot servieren.

Caprese mit Feigen

Zutaten für 4 Personen

- *200 g Mozzarella*
- *200 g frische Feigen*
- *Basilikumblätter*
- *Grob gemahlener schwarzer Pfeffer*
- *Flockiges Meersalz*
- *Olivenöl*
- *Zum Servieren: Brot*

Zubereitung

1. Mozzarella in mittelgroße Stücke schneiden und auf einer Platte anrichten.
2. Feigen der Länge nach in vier Keile schneiden, um den Käse legen und Basilikum – die Blätter zerrissen – darüberstreuen.
3. Mit Pfeffer und viel Salz würzen. Großzügig mit Öl beträufeln.
4. Mit Brot servieren.

Salat aus Blauschimmelkäse und Feigen mit Honig-Thymian-Dressing

Zutaten für 4 Personen:

- *4 Esslöffel klarer Honig*
- *1 Teelöffel Thymianblätter*
- *1 Esslöffel Apfelessig*
- *2 Esslöffel Rapsöl*
- *2 Esslöffel Haselnüsse*
- *1 kleine Fenchelknolle*
- *2 Handvoll Rucolablätter*
- *200 g Blauschimmelkäse*
- *2 reife Feigen*
- *Zum Servieren: knuspriges Brot*

Zubereitung

1. Geben Sie den Honig und die Thymianblätter in eine kleine Pfanne und erwärmen Sie sie dann vorsichtig 2 Minuten lang – der Honig sollte nicht so heiß werden, dass er Blasen bildet. Zum Abkühlen beiseitestellen.

2. Die Haselnüsse rösten und grob hacken und den Fenchel fein schneiden.

4. Bereiten Sie ein Dressing zu, indem Sie den Essig und das Öl mit etwas Gewürz verquirlen.

5. Die gehackten Haselnüsse, den Fenchel und den Rucola vorsichtig mit dem Dressing zu einem Salat vermengen.

6. Den Käse dünn schneiden und auf 4 Teller verteilen. Jeweils eine Feigenhälfte und dann ein Häufchen Salat hinzufügen. Zum Schluss den mit Thymian angereicherten Honig über die Feigen und den Käse träufeln.

7. Servieren Sie dieses Gericht als Vorspeise mit knusprigem Brot.

Feigen, Wassermelonen und Schinken

Zutaten für 4 Personen

- *4 Feigen*
- *400 g Wassermelone*
- *4 Scheiben Rohschinken*
- *Basilikumblätter*
- *Hartkäse, dünn geschnitten*
- *2 Esslöffel Olivenöl*
- *1 Esslöffel Weißweinessig*
- *1 Teelöffel Honig*
- *Zum Servieren: Brot*

Zubereitung

1. Für das Honigdressing das Öl, den Essig und den Honig in einem verschlossenen Schraubglas schütteln und abschmecken.
2. Feigen in Viertel schneiden, die Melone in dünne Scheiben und danach in Dreiecke.
3. Feigen, Melone und Schinken auf einer Platte anrichten. Mit Basilikum und Hartkäse belegen und mit abgeschmecktem Dressing beträufeln.
4. Mit Brot servieren.

Tomaten mit Feigen und Schinken

Zutaten für 4 Personen

- *¼ Tasse Sherry- oder Rotweinessig*
- *1 Esslöffel Honig*
- *1 Esslöffel Olivenöl; eine zusätzliche kleine Menge zum Beträufeln*
- *16 Feigen*
- *500 g Cocktail-Rispentomaten*
- *½ Tasse Minzblätter*
- *Speisesalz*
- *60 g Rohschinken, dünn geschnitten*
- *Zum Servieren: Brot*

Zubereitung

1. Die Feigen in Stücke schneiden, die Tomaten quer halbieren und zu große Minzblätter zerreißen.
2. Essig, Honig und 1 Esslöffel Öl in einer großen Schüssel miteinander verquirlen. Feigen, Tomaten und Minze hinzufügen, mit Salz würzen und vorsichtig mischen.
3. Übertragen Sie den Salat auf eine Platte und löffeln Sie überschüssiges Dressing in die Schüssel.
4. Rahmen Sie den Salat mit Schinken ein und beträufeln Sie das Ganze mit etwas Olivenöl.
5. Mit Brot servieren.

Feigen-Pizza

Zutaten für 4 Personen

Für den Teig:

- *400 g Weizenmehl*
- *600 g Magerquark*
- *2 TL Backpulver*
- *2 TL Salz*

Für den Belag:

- *150 g geriebener Mozzarella*
- *4 Feigen*
- *100 g Ziegenfrischkäse*
- *1 Handvoll Walnüsse*
- *50 g Rucola*

Zubereitung:

1. Aus allen Zutaten mit den Händen einen glatten Teig kneten.
2. Den Teig vierteln und aus jedem Viertel eine runde Pizza formen. Der Rand sollte dabei etwas dicker bleiben.
3. Auf jede Pizza Mozzarella verteilen.
4. Die Feigen achteln und diese auf den Mozzarella geben.
5. Zwischen den Feigen jeweils mit einem Teelöffel etwas Ziegenkäse und die Walnüsse verteilen.
6. Im vorgeheizten Backofen bei 200 °C Ober-/Unterhitze ca. 15 - 25 Min. auf der mittleren Einschubleiste backen, bis die gewünschten Bräune erreicht ist.
7. Nach dem Backen kann zum Schluss noch etwas Rucola auf den Pizzen verteilt werden.

DESSERTS

Zimtfeigen mit Honigdressing

Zutaten für 4 Personen

- ***8 reife Feigen***
- ***Ein großer Butterklumpen***
- ***4 Esslöffel klarer Honig***
- ***Eine Handvoll geschälte Mandeln***
- ***1 Teelöffel gemahlener Zimt***
- ***Mascarpone oder griechischer Joghurt als Beilage***

Zubereitung

1. Backofen auf 180 °C erhitzen. Schneiden Sie ein tiefes Kreuz in die Oberseite jeder Feige und ziehen Sie die Oberseite wie eine Blüte auseinander. Setzen Sie die Feigen in eine Auflaufform und lassen Sie ein kleines Stück Butter in die Mitte jeder Frucht fallen. Den Honig über die Feigen träufeln, dann mit den Mandeln und dem Zimt bestreuen.

2. 5 Minuten backen, bis die Feigen weich sind und Honig und Butter eine klebrige Sauce auf dem Boden der Schüssel ergeben. Warm servieren, mit viel Mascarpone oder Joghurt.

Feigentarte

Zutaten

- *2 Eier*
- *100 g Zucker*
- *125 g Mehl*
- *½ Tütchen Backpulver*
- *1 Prise Salz*
- *½ Teelöffel Zimt*
- *2 Esslöffel Milch*
- *2 Esslöffel Rapsöl*
- *8 Feigen (400 g)*
- *Etwas Puderzucker*

Zubereitung

1. Backofen auf 180 °C vorheizen.
2. Eine Tarteform (23 cm Durchmesser, 4 cm hoch) einfetten.
3. Eier mit dem Zucker cremig rühren.
4. Mehl, Backpulver, Salz und Zimt gut mischen und abwechselnd mit der Milch und dem Öl unter die Eimasse rühren, sodass ein glatter Teig entsteht.
5. Teig in die Tarteform füllen und glatt streichen.
6. Die Feigen halbieren und mit der Schnittkante nach oben auf den Teig legen.
7. Die Tarteform auf die mittlere Ebene des Backofens stellen und den Teig etwa 25 Minuten backen.
8. Den Kuchen aus dem Ofen nehmen und die Oberfläche mit etwas Puderzucker bestreuen. Auf einem Abkühlrost abkühlen lassen.

Marmelade aus Feigen und Bananen

Um Feigenmarmelade selber zu machen, benötigen Sie nur wenige Zutaten und auch der zeitliche Aufwand hält sich in Grenzen. Außerdem kann man mit einem Glas davon auch Freunden und Bekannten eine Freude machen.

Zutaten für 6 Marmeladengläser

- ***1000 g frische Feigen (gewaschen, Stiele entfernt)***
- ***500 g Bananen***
- ***500 g Gelierzucker (3:1)***
- ***1 Zitrone (Saft und fein geriebene Schale)***

Zubereitung

1. Feigen vierteln und Bananen in kleine Stücke schneiden, im Kochtopf mit Zucker, gegebenfalls einem separaten Geliermittel und dem Saft und der Schale der Zitrone vermischen. Den Topf abdecken und über Nacht in den Kühlschrank stellen (wenn es schnell gehen muss, reichen auch zwei bis drei Stunden zum Ziehenlassen).

2. Am nächsten Tag die leeren Marmeladengläser mit heißem Wasser ausspülen. Die Deckel ein paar Minuten lang auskochen und gründlich abtrocknen.

3. Dann die Feigen-Bananen-Masse unter ständigem Rühren aufkochen und vier Minuten sprudelnd kochen lassen. Wenn sich beim Kochen Schaum auf den Feigen gebildet hat, schöpfen Sie diesen mit einer Kelle ab.

4. Füllen Sie die heiße Feigenmarmelade in die vorbereiteten Gläser und lassen Sie dabei einen Freiraum von 1 Zentimeter. Verschließen Sie die Gläser fest.

5. Auf Raumtemperatur abkühlen lassen und an einem kühlen, trockenen und dunklen Ort aufbewahren.

Wer wegen der darin enthaltenen Konservierungsmittel keinen Gelierzucker verwenden möchte, kann auf gewöhnlichen Kristallzucker zurückgreifen und für das Eindicken zusätzlich Apfelpektin aus dem Bioladen bzw. aus dem Reformhaus oder das aus Meeresalgen gewonnene Geliermittel Agar Agar einsetzen. Auch Johannisbrotkernmehl hat hervorragende feuchtigkeitsbindende Eigenschaften und lässt Früchte schnell eindicken.

Letztlich geht es sogar ganz ohne Geliermittel, also nur mit Kristallzucker und den Feigenfrüchten, die selbst auch etwas Pektin enthalten. Man muss die Fruchtmasse dann aber sehr viel länger kochen lassen, bis sie eingedickt ist. Dazu lässt man die Fruchtmasse, nachdem man sie hat aufkochen lassen, bei schwacher Hitze und abgedecktem Topf etwa 1 Stunde köcheln. Dabei rührt man gelegentlich um. Wenn die Mischung ziemlich dick wird, rühren Sie ständig, um ein Anbrennen zu vermeiden. Wenn Sie unsicher sind, ob die Fruchtmasse ausreichend geliert und streichfähig ist, können Sie eine kleine Menge an einer sehr kalten Untertasse testen, indem Sie die Untertasse einige Minuten lang in den Gefrierschrank stellen, etwas Feigenmischung daraufgeben und dann 1 Minute lang wieder in den Gefrierschrank stellen. Sobald ein gutes Gelstadium erreicht ist, knittert die Oberfläche der Fruchtmischung leicht, wenn sie mit einem Finger gedrückt wird.

Das Erwachen des Buddha

Der Buddhismus, eine der Weltreligionen, wurde von Siddhartha Gautama Buddha begründet. Dieser soll 528 v. Chr. in seinem 35. Lebensjahr das vollkommene Erwachen (Bodhi) erreicht haben. Hass, Begierde und Unwissenheit sollen von ihm abgefallen sein, während er am Ufer des Neranjara-Flusses im heutigen indischen Bundesstaat Bihar unter einer Pappelfeige (Ficus religiosa, eine Schwesterart der Echten Feige) meditierte. Der buddhistischen Überlieferung zufolge hatte der Buddha geschworen, nicht aufzustehen, bis er die Wahrheit gefunden hätte. Also meditierte er 49 Tage lang, ohne seinen Platz unter diesem Baum zu verlassen.

Das im 5. Jahrhundert n. Chr. in Sri Lanka verfasste epische Gedicht Mahavamsa berichtet, auf Befehl Kaiser Ashokas des Großen – Herrscher über das größte Reich der indischen Antike und Förderer des Buddhismus – sei ein Steckling vom südlichen Hauptast eben jenes Feigenbaumes abgetrennt worden. Ashoka schenkte dem Steckling ein Königreich und pflanzte ihn in eine Vase aus massivem Gold. Dann brachte er ihn über Berge und den Ganges hinunter in die Bucht von Bengalen. Hier übergab er ihn seiner Tochter Sangamitta, Gründerin eines Ordens buddhistischer Nonnen in Sri Lanka, die den Ableger dorthin mitnehmen sollte. Ashoka soll die Pflanze so sehr geliebt haben, dass er Tränen vergoss, als er sie gehen sah. Sangamitta nahm den Steckling an Bord eines Schiffes und segelte nach Sri Lanka, um ihn dort dem König Devanampiya Tissa zu überreichen. Dieser pflanzte ihn 288 v. Chr. in der damaligen Inselhauptstadt Anuradhapura. Dort wächst der Baum – Jaya Sri Maha Bodhi genannt – bis heute. Er gilt damit als weltweit ältester, von Menschen gepflanzter Baum mit einem bekannten Pflanzdatum.

Der Bodhi-Baum zählt zu den wertvollsten und heiligsten Reliquien des Buddhismus in Sri Lanka. Buddhisten pflegen den heiligen Baum aufzusuchen, dort zu beten und Opfer zu bringen. Ein spezielles Gelübde, das vor dem Baum abgelegt wird, soll für die Geburt gesunder Kinder und für gute Ernten sorgen.

Der indische Originalbaum verdorrte unterdessen. Von dem Baum in Anuradhapura wurde aber später ebenfalls ein Steckling genommen und an die ursprüngliche Stelle in Indien gepflanzt.